# 中华葛经

——影响世界的多用植物中华葛

钱开信　编著

上海科学普及出版社

 # 序

中国是世界上最早发现和利用野葛的国家,至今已有6 000年的历史。

周、汉时期先人就用葛制作纺织品,如葛布、葛衣、葛巾、葛履、葛绳,采集野葛或种植葛以食用、药用。周朝时,中央设立"掌葛"官职,有"山农"之葛(织葛布)和"泽农"之葛(供食用)的区分。汉朝时葛根、葛花已入药,这一时期葛产业、葛文化得到了大力发展、普及。到了近代,随着对葛的营养、化学成分的深入研究,特别是改革开放以后,中国的葛制药、葛食品更有了飞速的发展和提升。

本书从野葛的生态特性、分布,葛的古诗文、医学,到葛的栽培及良种培育,展现中华葛的厚重历史和文化。

"葛全身都是宝"。本书阐述了葛的营养、化学成分,古代和现代葛的衣用、食用和药用;重点描述了葛的加工,国内外葛主产区和重点加工厂,葛粉的检测和葛美食。比较系

统、全面地介绍了中华葛——这种衣食药多用植物源远流长的历史，把葛是什么、能做什么，以及葛的美好未来和发展前景展示给读者。

1988年，笔者到江西省上饶市土畜产进出口公司工作。20世纪80年代，大批外商到中国进口产品，有日本、韩国及中国台湾客商要进口葛粉。由于工作需要，笔者开始接触葛，到本市横峰县葛源、玉山、德兴等地找葛根；到安徽青阳县农户家找葛粉，筹建葛粉场。笔者从此对葛产生了浓厚的兴趣和爱好，和葛结下不解之缘。

此后的30年中，笔者到江西、安徽、浙江、广西、湖北、陕西、四川、福建、重庆等省、市葛产地、葛粉厂了解其栽培、生产加工、销售等情况；在上饶国际商会工作期间参观过很多食品、淀粉、茶产品的国际展会，了解国内外葛产业的情况。20世纪80年代后，随着改革开放，日韩等国商人进入中国购买大量葛粉、葛麻布等，促进了中国葛产业的振兴、发展。原来只有农户小规模上山挖野葛食用，或医药公司收购葛根片入药用，全国没有一家有规模的葛粉厂。近30年来葛产业从无到有，从小到大，葛粉加工厂、食品加工厂、生物制药厂遍地开花，处于高速发展时段。野生葛根被挖掘，优良葛品种受培育、栽培、推广，新的葛园建起；手工、半手工、机械化以上规模的葛粉厂的建立，生物制药厂蓬勃发展，葛产业展现前所未有的繁荣，也促进、扩大了国内对葛产品的需求。葛粉等产品由农民自给自食到市场化、商品化，成为百姓餐桌上的健康食品、长寿食品。但同时也存在资源破坏、流失、无序，经济效益低下等弊端。

葛根片、剂由中药材及古汉方药，随着科技进步，也成为现代药业中的一枝独秀，随着葛根素、异黄酮等化学成分的发现，葛已成为防治心脑血管疾病、降脂、降压的良药。葛迎来了大发展时期。

不饱食以终日，不弃功于寸阴（《抱朴子》东晋葛洪著）。笔者整理了近30年来有关资料，编著本书。这是笔者过去30年的经验总结，是与有关专家、学者、农工、厂长、经理一起学习研讨的结论和心得，其中也有笔者的一些设想。因笔者知识面有限，掌握资料或有欠缺，难免存在不足及错误之处，敬请读者不吝赐教。

编者

2021年7月

# 目 录

## 第一章  葛的概述 / 1

一、葛的生物特性 / 2

二、葛的资源及分布 / 5

## 第二章  中国葛的历史和文化 / 7

一、中国葛的历史久远 / 8

二、有关葛的古诗词 / 12

三、我国医书中有关葛的描述 / 21

四、中国和葛相关的地名、人名和葛文化园 / 22

五、葛字书写 / 24

## 第三章  葛的栽培 / 27

一、种植粉葛的技术简介 / 30

二、葛栽培和管理 / 35

三、良种培育 / 41

## 第四章 葛的营养成分及其应用 / 51

一、葛一身都是宝 / 52

二、葛根的营养成分 / 53

三、葛花的营养成分 / 65

四、葛藤的营养成分及应用 / 66

## 第五章 葛的药用 / 69

一、葛在中医中的应用 / 70

二、葛的现代药理和临床应用 / 77

## 第六章 葛根淀粉（葛粉）的应用 / 81

一、葛粉加工 / 84

二、葛粉制成品（食品）/ 104

## 第七章 葛粉的检测 / 113

一、葛粉的标准 / 114

二、感官检验 / 127
三、如何鉴定葛粉的真假 / 132
四、葛粉掺假的其他检测 / 134
五、葛粉杀菌的方法 / 135

## 第八章 葛产区简介 / 137

一、长江以北葛产区 / 138
二、长江以南葛产区 / 143
三、四川、重庆、湖南葛产区 / 146
四、广西、广东、云贵地区 / 147

## 第九章 葛产业发展展望 / 159

参考文献 / 163

后记 / 165

第一章

# 葛的概述

## 一、葛的生物特性

葛是多年生豆科落叶藤本植物。拉丁学名：*Pueraria lobata*（Willd.）Ohwi，又名甘葛、粉葛、黄葛、藤葛、葛条、鸡齐、葛麻茹、葛子根、干葛、黄斤，各地名称不同。蔷薇目豆科葛属多年生草质藤本植物。中国植物志第四十一卷记载，豆科葛属植物，中国有8个种1个变种。

图 1-1　全葛图片（九华葛）

(1) 野葛 [*Pueraria lobata* (Willd.) Ohwi]，也叫葛条、葛藤、粉葛。除新疆、青海及西藏外，全国各地均有分布，但是以长江流域和黄河流域各省、自治区和北京、天津直辖市分布较多。由于块根含淀粉，总黄酮等功能成分含量是葛属植物中最高的，异黄酮总量为6.2%～15.87%，葛根素含量1.24%～6.44%。野葛开发利用历史最悠久，有关书籍都将本种列为中国葛属植物的代表种，是中国葛粉和中药材的主要来源。

(2) 甘葛藤（*P. thomsonii* Benth.）又叫粉葛、甘葛、葛麻藤。分布于中国长江以南及珠江流域各省、自治区；广东、广西和浙江有人工栽培。葛根粉除当地自销外，部分销往全国各地，并出口海外。

甘葛藤的总黄酮等功能成分含量略逊于野葛，黄酮总量0.24%～3.67%，葛根素0.21%～1.58%，但是它比野葛资源还丰富些，也是中国开发利用最早的葛品种之一。

葛属其他品种只有少数地区开发利用，产品产量低，多为自产自销，有的品种尚未利用。常见的有：

(3) 峨眉葛（*Pueraria omeiensis* Wang et Tang），分布于四川、云南、贵州，资源较多，民间提制葛粉供食用。峨嵋葛的根为扭曲不规则的类圆柱形，直径2～3厘米，表面黑褐色，质硬，纤维性强。异黄酮含量1.22%～4.80%，葛根素含量0.16%～0.76%。

(4) 食用葛藤（P. edulis Pamp.），分布于广西、云南和四川，资源较少，四川、贵州民间提制淀粉供食用，当地也叫葛藤、粉葛、甜葛。异黄酮含量在1%以下，葛根素含量为0.01%。

(5) 三裂叶葛［P. Phaseoloides (Roxb.) Benth.］，分布于福建、浙江、台湾、海南、广东和广西。广东部分地区有入药的记载。异黄酮总量1.58%，葛根素为0.01%。

(6) 山葛［P. montana (Lour) Merr.］，分布于云南、四川、贵州、广西、广东、福建、台湾、浙江、江西、湖北，资源较丰富，云南个别地方入药使用。根茎细长圆形，直径1~2厘米，有的地方称为"小葛根"。异黄酮总量为0.67%~1.09%，葛根素为0.01%。台湾民间提制淀粉供食用。

(7) 云南葛藤［P. peduncularis (GrahexBenth.) Benth.］，分布于西藏、四川、云南、贵州、广西，资源较丰富。异黄酮总量为0.67%~1.09%，葛根素含量为0.02%。西藏个别地区入药用。

其余的种如密花葛（P. alopecuroides Carib.）、小花葛（P. stricta Kurz.）、黄毛葛（P. calycina Franch.）等分布范围小，资源少，异黄酮的总量和葛根素含量都较低，块根木质化，质坚硬或是干燥后质轻松。黄毛葛根中皂苷含量丰富，民间用作杀虫剂、毒鱼和洗衣，不宜作药材用，也不能食用。

## 二、葛的资源及分布

葛属植物主要分布于温带和亚热带地区，中国除青海、新疆未见报道外，其他各省均有，大多为野葛，也有栽培，其中以长江流域、四川、云南、重庆、湖北、湖南、江西、安徽、陕西、贵州、广西、广东、浙江、福建等地较多。

全世界豆科葛属约18种（说法不一，也有35种之说），分布于世界各地，如印度、日本、韩国、泰国、马来西亚等国。

1876年在费城博览会上，葛根从日本引种到美国，野葛藤生长快而茂盛，对保护水土起到了很好的作用，同时野葛的疯狂滋生，对当地树木和植物造成的威胁，被称为"通吃南部的藤蔓"。

泰国野葛根（Pueraria Mirifica）在泰国被称为白高颗（White Kwao Krua），是泰国的一种神奇热带香草，俗称乳果。它属于豆科，葛属或大豆及豌豆属，这种植物在泰国北部、西部和东北部海拔300～800米的森林中广泛存在。在泰国的使用历史已经超过百年。

泰国白高颗和大豆同属豆科，白高颗异黄酮只存在于泰

国白高颗（White Kwao Krua）的根茎内，其植物营养成分和人体自身分泌的营养成分的分子结构非常相似，在所有已知的植物异黄酮中，它的活性最高，而且它和大豆异黄酮一样能给身体补充营养。泰国白高颗与其他豆科植物不同的是其特有的"葛雌素"和"脱氧微雌醇"等植物活性成分，是其他豆科植物所没有的，这些特殊活性成分，对于女性胸部的发育有神奇的功效，这也是它被专业医疗机构及水疗（SPA）会所推崇的原因。因为泰国白高颗中所含的异黄酮成分极为独特，浓度更高，效力也更强，其产品也常用于女性美体产品。

泰国白高颗是泰国特有的，在中国尚未发现。

第二章

中国葛的历史和文化

# 一、中国葛的历史久远

野葛生于中国,是衣、食、药多用的野生植物,中国是最早发现和利用野葛的国家。

图 2-1  江苏吴县出土的公元前 3400 年的葛布残片

早在6 000多年前新石器时代,就有原始先民从事葛布纺织,1973年从江苏吴县草鞋山遗址出土的3块约公元前3400年的葛布残片,这就是葛织物在新石器时代崛起的最好证明。这三块葛布残片经密每厘米约10根,纬密每厘米26~28根,用扭绞加绕环织法编织出回纹和条纹暗花,这是中国已发现的最古老的手工织花葛布实物,现藏于南京博物院。

《东周列国志》记载,越王勾践(约公元前500年)派遣男女上山采葛织葛布10万匹,甘蜜百坛,狐皮五双,敬献吴王。所以葛布盛行的时期是在春秋战国时期。宋元以后,便只剩下广东沿海地区尚有少量生产,如雷州的锦囊葛、增城的女儿葛等,质量很好,博得"细滑而坚"的美誉。

**郁林葛**

汉代生产的郁林葛布,进贡朝廷,以至京城"榜人皆着郁林布"。唐乾封元年(666年)郁林布称为"郁林葛",被列为贡品,延续一千余年。云南双江自治县邦丙乡布朗山的布朗人至今保留着"葛布"这种古老的手工工艺织衣服、织挎包、织线毯。

图 2-2 葛衣

**七稯布**

稯（zōng），通"緵"。很粗的麻葛布。《说文》："布八十缕为稯。"

七稯布是汉代一种织物，主要以麻、葛织成。汉朝的布和帛，用缕作为布的粗细计算方法，汉制每稯（宗）含80根纱（即缕）。七、八稯布较粗疏，九、十稯布较细密。另外，布帛的幅宽和长度，《汉书·食货志》解释："太公为立九府圜法，布帛广二尺二寸为幅，四丈为匹。"

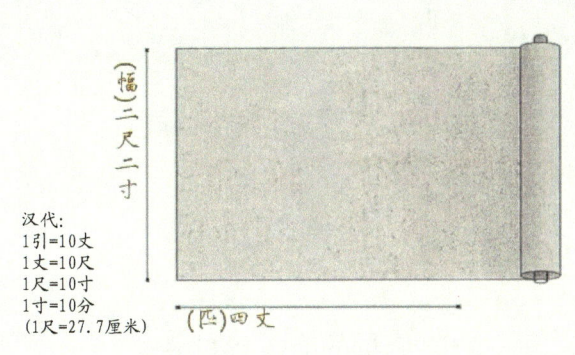

图 2-3　汉制布帛规格

图 2-4　孔府藏明朝本色葛袍

葛根食用的历史十分久远。周朝时，朝廷在中央设立"掌葛"官职，负责征收和掌管葛麻类纺织原料，并有了"山农"之葛（织葛布）和"泽农"之葛（供食用）的区分。可见早在周朝葛根就已被作为纺织和食用材料了。

## 二、有关葛的古诗词

《诗经》——中国最早的有关葛的诗歌：

### 《葛覃》

葛之覃兮，施于中谷，维叶萋萋。黄鸟于飞，集于灌木，其鸣喈喈。

葛之覃兮，施于中谷，维叶莫莫。是刈是濩，为绤为绤，服之无斁。

言告师氏，言告言归。薄污我私。薄澣我衣。害澣害否？归宁父母。

> **译文**
>
> 葛草长得长又长，漫山遍谷都有它，藤叶碧绿又繁盛。黄鹂上下在飞翔，飞落栖息灌木上，鸣叫婉转声清丽。
>
> 葛草长得长又长，漫山遍谷都有它，藤叶茂密又繁盛。割藤蒸煮织麻忙，织细布啊织粗布，做衣穿着不厌弃。

告诉管家心里话,说我心想回娘家。洗干净我的内衣。洗干净我的外衣。洗和不洗分清楚,回娘家去看父母。

《樛木》

南有樛木,葛藟累之。乐只君子,福履绥之。

南有樛木,葛藟荒之。乐只君子,福履将之。

南有樛木,葛藟萦之。乐只君子,福履成之。

译文

　　南方地区有很多生长茂盛的树木,这些树木中有下垂的树枝,葛藟爬上这根树枝,并在这根树枝上快乐地生长蔓延。一位快乐的君子,他能够用善心或善行去安抚人或使人安定。

　　南方地区有很多生长茂盛的树木,这些树木中有下垂的树枝,葛藟爬上这根树枝,在这根树枝上快乐地生长蔓延,并且这根樛木都被葛藟覆盖了。一位快乐的君子,能够用善心或善行去扶助他人。

　　南方地区有很多生长茂盛的树木,这些树木中有下垂的树枝,好几根葛藟爬上这根树枝,缠绕在这根树枝上快乐地生长蔓延。一位快乐的君子,能够用善心或善行去成就他人。

### 《葛屦》

纠纠葛屦，可以履霜？掺掺女手，可以缝裳？要之襋之，好人服之。

好人提提，宛然左辟，佩其象揥。维是褊心，是以为刺。

脚上这一双夏天的破凉鞋，怎么能走在满地的寒霜上？可怜我这双纤细瘦弱的手，又怎么能替别人缝制衣裳？做完后还要提着衣带衣领，恭候那女主人来试穿新装。

女主人试穿后觉得很舒服，却向左转身对我一点也不理。又自顾在头上戴象牙簪子。正因为这女人心肠窄又坏，所以我要作诗把她狠狠讽刺。

### 《采葛》

彼采葛兮，一日不见，如三月兮！
彼采萧兮，一日不见，如三秋兮！
彼采艾兮！一日不见，如三岁兮！

译文

那个采葛的姑娘，一天没有见到她，好像隔了三月啊！

 第二章 中国葛的历史和文化

那个采萧的姑娘,一天没有见到她,好像隔了三季啊!

那个采艾的姑娘,一天没有见到她,好像隔了三年啊!

《采葛妇歌》

葛不连蔓棻台台。我君心苦命更之。

尝胆不苦甘如饴。令我采葛以作丝。

女工织兮不敢迟。弱于罗兮轻霏霏。

号绨素兮将献之。越王悦兮忘罪除。

吴王叹兮飞尺书。增封益地赐羽奇。

机杖茵蓐诸侯仪。群臣拜舞天颜舒。

我王何忧能不移。饥不遑食四体疲。

扩展

《吴越春秋》曰:越王勾践归越,念复吴仇。苦身劳心,夜以继日。悬胆于户,出入尝之。乃使国中男女入山采葛。以作黄丝之布。吴王得葛布之献。乃增越之封。赐羽毛之饰机杖诸侯之服。越国大悦。采葛之妇伤越王用心之苦。

## 有关种葛、采葛、赠葛巾等的唐诗

### 黄葛篇

李 白

黄葛生洛溪,黄花自绵幂。

青烟万条长,缭绕几百尺。

闺人费素手,采缉作缔绤。

缝为绝国衣,远寄日南客。

苍梧大火落,暑服莫轻掷。

此物虽过时,是妾手中迹。

洛溪边生满了黄葛,黄色的葛花开得密密绵绵。

长长的蔓条蒙着清晨的烟雾,足足有几百尺长。

闺中的少妇,以其纤纤之素手,采来葛藤,制成丝锦,织成葛布。

为远在绝国的征夫缝制暑衣,做好征衣远寄给在日南守边的丈夫。

等到征衣寄到后,恐怕苍梧地区傍晚的火星西落,时已至秋了。

虽然时节已过,但是此暑衣且莫轻掷,因为它是为妻亲手所制,上面寄有妾的一片真情和爱意啊。

## 第二章　中国葛的历史和文化

### 和李尹种葛

戎　昱

弱质人皆弃，唯君手自栽。
蔂含霜后竹，香葱腊前梅。
拟托凌云势，须凭接引材。
清阴如可惜，黄鸟定飞来。

葛藟柔弱的特质使人遗弃，只有先生亲手栽种；葛藟的藤蔓将竹子包裹起来，它开花过后梅花在腊月紧跟着开花；想寄托自己的直冲云霄的壮志，必须凭借承接和引导的东西；藤蔓下的阴凉使人爱惜，黄莺鸟一定会飞来休憩。

### 采葛行

鲍　溶

春溪几回葛花黄，黄麝引子山山香。
蛮女不惜手足损，钩刀一一牵柔长。
葛丝茸茸春雪体，深涧择泉清处洗。
殷勤十指蚕吐丝，当窗袅袅声高机。

织成一尺无一两,供进天子五月衣。

水精夏殿开凉户,冰山绕座犹难御。

衣亲玉体又何如,杳然独对秋风曙。

镜湖女儿嫁鲛人,鲛绡逼肖也不分。

吴中角簟泛清水,摇曳胜被三素云。

自兹贡荐无人惜,那敢更争龙手迹。

蛮女将来海市头,卖与岭南贫估客。

> **译文**
>
> 　　溪边的葛花经历了许多次花开花落,黄麝的药引的香味遍布山间。南方的葛女顾不上怜惜自己手脚受伤,忙着用镰刀把纤长柔软的葛藤一根一根割下。葛丝细密地簇拥在一起好像春天的白雪,葛女找到山间水沟下的清泉进行清洗。勤劳的双手织丝就像是春蚕不停歇地吐丝,窗口的织布机传来一阵一阵的机杼声。辛苦织成一尺布还卖不到一两钱,还必须进贡给朝廷为皇帝做衣。水晶装饰着大殿带来一丝清凉,座位旁边堆满了冰块但还是难以抵挡夏日的炎热。衣物贴身、身体温润又能怎么样,还是只能一个人独自面对瑟瑟的秋风和秋日破晓。镜湖边船家女儿嫁给了渔夫,分不清穿的是鲛人所织的薄绢还是白葛夏布。白色的藤席漂在吴中的湖面上,飘荡的样子比披拂各色烟云还要婀娜。从此后没有人吝惜

把这美丽的葛布进贡给皇帝,哪还敢争夺皇上亲手写的墨迹?南方的葛女会拿着剩余的葛衣去到海上贸易集市,卖给岭南贫穷的行商。

## 酬贺四赠葛巾之作

### 王 维

野巾传惠好,兹贶重兼金。嘉此幽栖物,能齐隐吏心。
早朝方暂挂,晚沐复来簪。坐觉嚣尘远,思君共入林。

**译文**

葛巾传达了君的友爱,这赏赐比兼金(价值贵于平常金的金)还重;这美好的葛巾,能够成全归隐的心;早朝时暂且挂着,晚归时濯发又戴上;坐着已经觉得远离纷扰的尘世,想着与君一道归隐林下。

## 罗浮山父与葛篇

### 李 贺

依依宜织江雨空,雨中六月兰台风。
博罗老仙时出洞,千岁石床啼鬼工。
蛇毒浓凝洞堂湿,江鱼不食衔沙立。
欲剪湘中一尺天,吴娥莫道吴刀涩。

### 译文

葛布轻柔,织得像江上小雨般细密透明,穿上葛衣,像六月的雨中吹来凉风。

当罗浮老人把葛布拿出山洞,千年石床上响起了鬼工吝啬的哭声。

天气闷热,毒蛇粗喘把山洞弄湿;江中的鱼儿也停止觅食,含沙直立。

真想裁剪一幅湘水中天光倒影似的葛布,吴娥不用担心说剪刀不够锋利。

## 三、我国医书中有关葛的描述

我国最早的医学专著《神农本草经》将葛列入中品,并记载了葛根的性味和功效,说明葛根此前已应用于治疗疾病。汉朝张仲景的《伤寒论》中就收录有"葛根汤",至今仍是中医常用的重要解表方。

明朝著名的医药学家李时珍对葛根进行了系统研究,认为葛根的茎、叶、花、果、根均可入药。他在《本草纲目》中这样记载:"葛,性甘辛、平、无毒。主治:消渴、身大热、呕吐、诸弊,起阴风,解诸毒。"

我国历代医药典籍:《伤寒论》《阎氏小儿方》《圣惠方》《伤寒类要》《千金方》《补缺肘后方》《肘后方》《图经本草》《本草纲目》等都有葛根治病的记载。

## 四、中国和葛相关的地名、人名和葛文化园

中国和葛相关的著名地名有：葛源、葛溪、葛店、葛仙山、葛岭、葛村、葛畈村。

葛洪，江苏句容人，东晋道教学家，医学家，化学家。晚年在茅山修道，著有《肘后备急方》《抱朴子》等医书。现江苏句容茅山景区有葛洪纪念馆、茅宝葛园，以葛根文化与葛洪养生文化相结合，成为旅游、会议、养生为一体的文化生态园。

图2-5 茅宝葛园，葛洪纪念馆

第二章 中国葛的历史和文化

图 2-6 中华葛文化风情园

湖北钟祥葛娃公司建立了中华葛文华风情园,是国内首个葛文化示范园。走进大门,便是葛文化展示区和演艺区,游客可以体验挖葛、锤葛、制葛、吃葛粉的过程,感受非遗工艺的魅力。园内有葛根种植展示区,园区内有美国、日本、韩国、泰国等 10 余个国家的葛根藤品种。

## 五、葛字书写

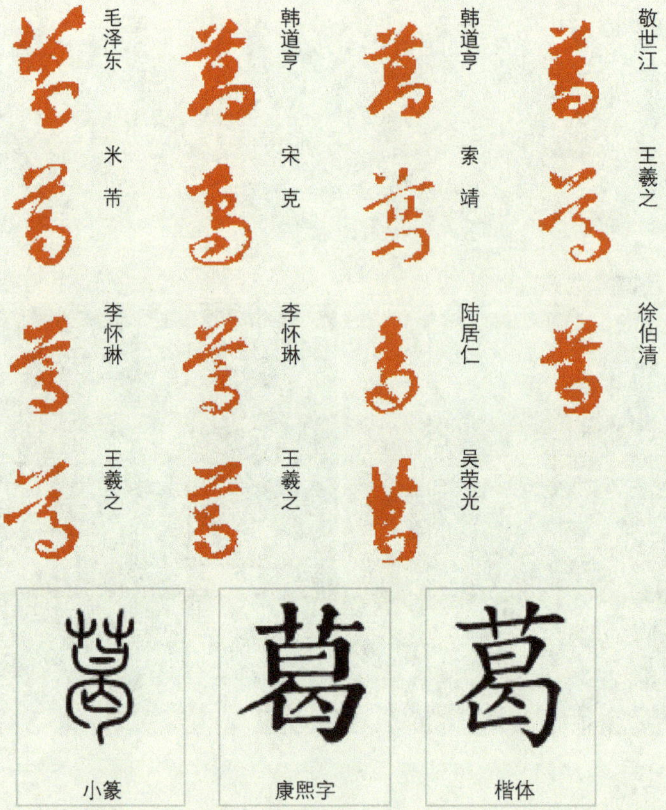

图 2-7 葛的不同字体

葛 gé/gě

形声字。艸(艹)表意，篆书形体像草，表示葛是草本植物；曷(hé)表声。本义是葛麻。
㈠ gě 多年生草本植物，通称葛麻，根可制淀粉，茎皮可制葛布：~布｜~藤。㈡ gě 姓。
㈠ ~粉 ~根 ~麻 ~枣 瓜~ ~胶 胶~ 纠~ 麻~ 毛~ 野~

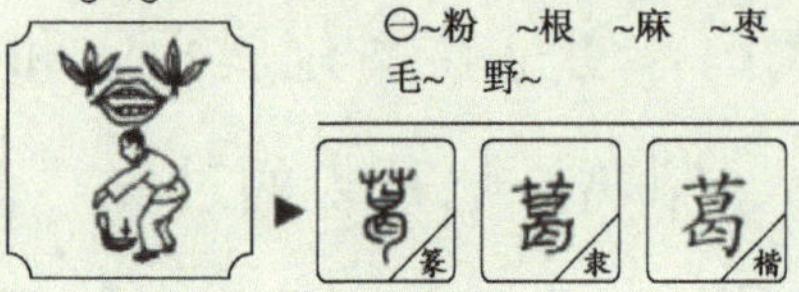

 第二章 中国葛的历史和文化

图 2-8 江西葛源

第三章

# 葛的栽培

葛生长于山坡、草地、路边及林间,适应性强,分布范围广。3000年前就有关于葛的诗歌,周朝已有"掌葛"的官员,当时葛麻布已是人们的纺织品,用于制作衣服、葛巾。以野葛为主体,种葛在唐诗中已有记载,如《和李尹种葛》。我国很早就挖野葛为食品,有在房前屋后栽种的习惯。从20世纪80年代开始,由于对外贸易的发展,国外对葛粉、葛麻布等葛根产品的需求,开发野生葛保健食品和药品进入新的阶段。野生葛供不应求,葛的栽培面积逐渐扩大,葛产业也作为一个新兴产业而兴起,野葛的人工栽培也应运而生。在江西、湖南、广西、四川、重庆、安徽等地,农业院校、科研单位、农业企业在种植葛根、选培优良品种等方面有所创新,找到了一套适合且行之有效的方法。

葛根的繁殖方法有以下3种。

## 1. 种子繁殖

清明前后将种子在40℃温水中浸泡1~2天并常搅动,取出晾干后在整好的畦中部开穴播种,穴深3厘米,株距

35~40厘米，每穴4~6粒，平穴浇水，10天左右出苗。

### 2. 分根和压条繁殖

葛农上山挖野葛，收集健壮的葛根或剪下一段葛根，也有剪下2~3节的枝条，再覆土，过2~3年新葛长出，这样可以保持野葛的繁殖。

### 3. 扦插繁殖

秋季采挖葛根时选留健壮藤茎截去头尾，选中间部分剪成25~30厘米的插条，每个插条有节3~4个，放在阴凉处拌湿沙假植，第二年清明前后在畦上开穴扦插即可。

广西滕县粉葛栽培历史悠久，有一套种植栽培技术，现介绍如下。

# 一、种植粉葛的技术简介

想要种出高产高品质的粉葛，卖得更高的价钱，必须要掌握好几个关键环节的工作要点（**选择适宜地块，高标准整地，及时促苗，彻底露根选葛，防虫等**）。

## 1. 选择适宜地块

粉葛是耐旱不耐涝的块根类作物，故宜选择土层较深厚，排水良好，而离水源地又较近的地块种植。以砂壤土或红黄壤土、稻田土类型的土壤最为适宜种植。土壤越疏松，透气性越好，就越利于葛块根膨大，且生长出来的葛根薯形饱满，分叉少，品相好，经济价值高。长期低洼、渍水、湿度大的地块及黏土等透气性差的土壤或碱性土也不宜种植。

## 2. 高标准整地

整地工作要在移栽前做好。第一种方法是起垄种植：先进行1次30厘米深的土壤深翻，并充分打碎泥土，泥土越粉碎越好。按1.2米宽、0.6米高起半圆形垄，垄与垄之间留人行道宽0.6～0.8米，以方便开展田间管理工作。一亩地起垄前在垄底部施放有机肥150千克和三元复合肥100千克作为基肥。粉葛种植垄的垄形应饱满呈半圆形,以达到膨大期耐旱的目的。第二种方法是堆土包种植:充分打碎泥土后,按每亩堆土包350～400个为标准,每个土包直径约1.2米,高约0.6米。每个土包种植2株。整地结束后及时用芽前除草剂"金都尔"和杀虫药硫丹乳油剂混合全地喷洒,防止杂草生长及防治害虫危害幼苗。喷完除草剂后开始覆盖地膜,杂草多生的地块可全垄覆盖,杂草不多的地块可用0.6米宽地膜仅覆盖垄顶或土包顶部即可。

### 3. 移栽定植,及时促苗

选择在春分～清明期间雨水充沛时移植。采用起垄方法种植的,每亩可种800～1 000株。按0.35米的株距垂直扦插栽种,栽种后必须及时浇透水定根,确保成活。采用堆土包方法种植的,每个土包种植2株,每亩可以种植700～800株。之后要经常观察,遇干旱要浇水保湿,发现有弱苗、死苗的要及时补栽,确保苗齐、苗匀。移栽后要及时施肥促苗快长。苗期施肥要以肥料水为主,勤施薄施,每隔10天左右施一次。

### 4. 插竿

在葛苗长至30厘米长前应做好插竿的工作。可采用径粗

3~5厘米、长2米的竹竿独立成架，每两株葛苗共攀一根竹竿。也可采用拇指粗的小竹竿扎成三脚架，架高1.8米左右，每两株苗攀一架。当主苗达到40厘米时要及时人工引藤上竿。可采用牵线法上竿，只保留1~2条主苗上竿，其余都要摘除不留。

### 5. 彻底露根选葛

第一次露根：移栽后70天左右，当葛藤长到筷子粗细时可第一次露根选葛。每株只选留2条较粗长的、无明显分叉的、垂直下扎的根，其余一概割去不要。

第二次露根：第一次露根后约一个月左右，当葛根直径约3~5厘米粗时，将根部泥土扒开，露出大部分葛根，选择其中一条品相好、无明显分叉的留下，另一条割除不要。留下的主根如有大的分叉，亦要将主根的大分叉割除，以免日后发育成葛块影响品相。割除后要及时将泥土回填。

### 6. 防虫

主要是防治地下害虫危害。在第一次露根后，要及时消灭地下害虫，可结合除草工作一并进行。采用硫丹乳油剂或地残杀，结合除草剂一起全地喷洒一次，可防治各种地下害虫。防虫工作一定要做好，否则被害虫咬过的葛根，会影响品相，价值不高。

粉葛的地上病虫害较少，虫害以红蜘蛛类为主，可用阿维菌素或阿维哒螨灵、定虫脒等喷洒防治；病害以葛锈病为主，可用粉唑醇或苯甲丙环唑等杀菌剂防治。每次喷药都可以防虫和防病一并进行，节约劳动力。

### 7. 田间管理

田间管理以施肥、除草、墒情控制、打杈控苗为主。特别是前3个月应抓紧做好施肥促苗、打杈促主苗工作，露根选葛后要施一次大肥（每亩约施100千克挪威复合肥）促进块根快速膨大，之后可视生长情况，多次淋施肥料水。除草可用金都尔加百草枯，中后期葛苗上架后可用草铵膦。到7月份葛苗满架后，如果发生葛苗疯长、徒长的情况，可用多效唑每20天左右喷洒一次，共喷2~3次。

### 8. 采收

九月中旬开始，可以逐步分批采挖，但最迟不能超过来年清明，否则重新发芽，影响品质，价值不高。每亩产量2 500千克~4 000千克，一般一年挖一次，到4月份全部挖出，也有隔年挖的。可以做菜、煲汤，也可加工成葛粉，出粉率高。广西和平镇每年产鲜粉葛根7万~8万吨。

图 3-1 广西藤县葛园

图 3-2 葛农喜获丰收

图 3-3 大别山野葛根

## 二、葛栽培和管理

### 葛的育苗

**1. 选用良种**

优质高产良种是葛高产优质的基础,必须认真挑选适应性强、生长旺、优质高产的品种作推广品种。

**2. 育苗方法**

① 种子育苗,又称有性繁殖,在热带和亚热带地区采用。目前在我国各地很少采用种子育苗。

② 压藤育苗。压藤育苗属于无性繁殖,是利用各藤节易生根的特性,在葛藤的生长期5~7月,用泥土压节使其节下生长小葛根而成葛苗,这也是目前主要育苗方法。

③ 扦插育苗。扦插育苗属于无性繁殖,是利用较粗的老藤来作种藤的繁殖方法。扦插育苗,首先要选择优质高产品种作种藤。种藤要选择粗壮,节间较密,有节2~4个,长度20~30厘米,叶色厚绿,基本老化,无病虫害的藤。扦插时间在4、5月和8月下旬至9月上旬进行。扦插育苗先要选好

苗床,开厢起垄,根据厢面的宽度按行株 30 厘米×20 厘米扦插,插后淋水一次,然后起拱盖一膜一网(盖保温保湿薄膜和遮阳网),以提高成活率。同时,每隔 10～15 天检查一次,进行除草和追肥等。此方法适宜大面积种植育苗,也是主要育苗方法之一。

④ 组织培育苗。组织培育的育苗方法,是采用生物工程组织培育技术培育葛苗。组织培育的方法,是从优良品种中选出更优良的葛品种单株,采用其生长点细胞在营养胚料中培育成葛苗的高科技技术。组织培育出的葛苗具有纯度高、高产、优质的特点,能大批育苗,满足大面积生产,这是目前国内首创培育葛苗的方法。组培育苗要经过试瓶培育葛苗和温室移栽炼苗两个阶段后,然后再移植到室外生产基地。

## 栽培管理

### 1. 选用良种

根据重庆合川市近几年的试验示范种植的实际情况,重点栽培发展的品种有葛博士一号、合川大粉葛、地金一号和合川苕葛等几个优良品种。

## 2. 认真选地

种葛要求土层深度在 60 厘米以上，土质疏松肥沃，保水保肥力强的油沙土、黄沙土、半沙半泥土和潮沙土。并要求向阳、无荫蔽、排水良好的二、三台地种葛，不宜在低洼积水的农田和洼地种植。

## 3. 整地开厢

在种葛土地选择好后，首先除尽地内杂草，翻土晾晒 10～15 天后，再整地开厢起垅。

开厢起垅有两种方法：一是双行开厢起垅。二是单行开厢起垅。

① 双行开厢起垅按 2.6 米开厢，厢沟宽 40 厘米，厢沟深 30～40 厘米，厢面宽 2.2 米，厢面高 40～50 厘米，两边 40 厘米，中间 50 厘米，窝距 1 米，行距 1.8 米，一亩可种植 500 株以上。

② 单行开厢起垅按 1.6 米开厢，厢沟深 40 厘米，厢沟宽 40 厘米，厢面宽 1.2 米，窝距 1 米，一亩可种植 400 多株。

## 4. 施足底肥

在开厢起垅后，按栽培所需株行距开窝，施足底肥，每窝施腐熟人畜肥 3～5 千克，磷肥 0.2 千克，硫酸钾或氯化钾

2千克，施肥7～10天盖肥栽葛苗。

### 5. 选好葛苗

在葛的栽培中，葛种苗的好坏直接影响到葛的产量和质量。因此，在选择葛苗时应选择枝节粗壮，带有1～2条小葛根，小葛根短而粗壮，无损伤和病虫害的葛苗种植。

### 6. 科学种植

葛的种植时间，春季在3月上旬到4月上旬栽植，栽植时要选择阴天或雨后初晴天进行，最好是葛苗随起随栽。如果葛苗贮放较久，先将葛苗放清水中浸泡20～30分钟，然后栽植。在栽植中，先盖好底肥，再将葛苗呈30°～45°角斜放栽植窝内，理顺小葛根和须根，然后填盖2～3厘米厚的湿润土，轻拍压实，只露出葛苗头。

### 7. 葛的管理

（1）栽后管理：葛苗出根后在4月～5月上旬，如遇高温少雨，气候干燥，应抓好"两水、两肥"管理工作，确保苗齐苗壮。一是栽葛后15天内隔7天淋水一次，共淋水两次，有利成活。二是栽后15～45天内，用15%～25%的人畜淡粪水施肥2次，每隔15天一次。第一次用15%的肥水比例施肥，在栽后15～20天施肥。第二次在栽后30～45天施肥，

按25%肥水比例施肥，确保种植的葛苗成活率高，生长健壮。

(2) 中期管理：葛种植后的5~7月，是葛苗栽植后快速生长阶段，同时也是各种杂草大量生长期。在这一阶段，要抓好除草、松土、打尖提藤和施肥四项工作。一是在5月中旬至7月中旬进行除草两次，第一次除草应在5月20日前除完，第二次除草应在6月下旬除完。二是在每次除草后进行中耕松土各一次。三是在5月底至7月底要打尖提藤两次，当葛藤长度达到2米以上时就可立即摘尖，同时，每株葛只留3~5个主要葛藤，多余的按照去弱留强的方法进行修剪，对所留葛藤的长度控制2米以内，并提藤两次以上，防止在节上长小葛根，影响窝中主葛根的生长。四是在5月下旬和6月下旬各施一次追肥，在追肥时要氮磷钾配合，一般在50千克人畜粪中加入磷酸二氢钾0.2千克或硫酸钾0.2千克，搅匀溶化后每窝施肥1~2千克。

(3) 后期管理：葛的后期管理，主要指8~12月葛的管理，在此阶段的管理工作主要有三项：一是扯除杂草，分别在8、9、10、11月扯除杂草各一次；二是在8月、10月、11月提藤、打尖、修剪各一次，以利于葛根的生长和葛根淀粉积累；三是12月搞好葛根的采挖和留种栽植工作。葛根采挖一般在12月10日以后进行，在葛根采挖的同时一是要选留好良种葛苗和葛蔸，以供再发展种植。二是将所有的劣质杂种全部清除，以免再用来发展种植。对所留的良种葛苗和葛蔸，一是集中贮存到来年春季种植，二是采挖完后原地立即种植。

### 8. 葛的病虫防治

（1）病害及防治：葛的主要病害有立枯病、叶枯病、炭疽病、霜霉病和锈病等。当发现有立枯病、炭疽病，应立即用多菌灵600倍药液和600～800倍托布津药液防治；在出现霜霉病、叶枯病时可用甲霜灵或叶枯灵600～800倍药液防治。当出现锈病时可用粉锈灵500～600倍药液防治。同时，应选用低微毒药物防治病害。（2）虫害及防治：葛的虫害主要有蚜虫、叶甲、叶螨、天蛾、卷叶蛾等。葛的蚜虫可用40%的乐果600～800倍药液防治；叶甲、天蛾、卷叶蛾可用90%的敌敌畏乳油800～1 000倍药液防治，也可用高效低毒的敌杀死1 000～1 200倍药液防治；葛发生叶螨可用石硫合剂0.5～0.8度防治，也可用克螨特、杀螨威等杀螨类药物800～1 000倍药液防治。在葛的虫害防治中尽量选用高效低浓度农药。

各地种植方法因气候、土壤、品种不同有所差异。

## 三、良种培育

20世纪90年代以来各地已培育、选育出一批优良品种，如江西农业大学培育的赣葛3号、5号、7号，重庆合川区农业局和重庆药研究院联合培育的地金2号、茗葛1号，江西上饶新田园公司培育的葛博士1号、2号，宋氏葛业培育的赣葛1号等。湖南天盛生物科技有限公司的湘葛一号，广西藤县无渣粉葛是当地传统品种中选育改良的良种，这些优良品种有些已投入大规模葛种植生产之中。

### 1. 广西藤县小叶无渣粉葛

由当地品种选育，主产地藤县和平镇，是国内最早大面积种植粉葛地区。和平镇种植面积约3万亩，产量约8万吨。葛根皮薄、质嫩、无渣、粉多、味甘，亩产2 500～4 000千克，以菜食为主，加工葛粉、葛根片、葛根茶等。该品种适应性强，病虫害少，广西、广东、珠江流域皆能种植。现在在此品种上改良培育的桂葛一号良种正在推广中。

图3-4 广西滕县小叶无渣葛

## 2. 横葛一号、二号

块根粗壮肥大,长圆形,形状似人参,一般采挖期二年。亩产1 500~2 000千克,出粉率25.3%,葛根素1.92%。也

图3-5 江西横葛1号

可以3～4年后采挖，葛块根产量更高。藤叶产量每年每亩可达4 000～5 000千克，可做牲畜优质青饲料，适宜江西省及周边省、市种植，是食药二用品种。该品种适应在红土、红黄土的山地、旱地种植。

### 3. 湘葛一号

湖南省兴湘高效农业研究所、湖南省汉寿三力农艺有限公司培育。采用杂交育种，选育出的块根抗寒、抗旱、抗病、耐肥能力强、丰产性好。一般每亩产量1 500～1 800千克，淀粉含量12%～17%，葛黄酮含量45～55毫克/千克，铁含量30～33毫克/千克。适宜湖南省种植。

图3-6 湘葛一号

(1)"湘葛一号"的块根产量比较

2001~2004年,每年11月25日左右挖取葛根,将"湘葛一号"与其他品种进行产量比较。"湘葛一号"平均每公顷产鲜葛根24 657千克,比对照的地方良种12 182.55千克/公顷高102.4%(见表3-1)。

表3-1 "湘葛一号"与地方品种的产量测定结果

(千克/公顷)

| 品种 | 2001年 | 2002年 | 2003年 | 平均 |
| --- | --- | --- | --- | --- |
| 地方品种 | 9 375 | 113 625 | 15 810 | 12 182.55 |
| 湘葛一号 | 21 720 | 24 427.5 | 27 825 | 24 657 |

(2)"湘葛一号"块根中葛根黄酮含量及淀粉含量比较

2001~2003年,每年11月25日挖取新鲜葛根后,进行葛根黄酮含量的测定。结果表明"湘葛一号"块根中葛根黄酮的平均含量为50.42 mg/g,对照地方品种平均含量为33.83 mg/g,"湘葛一号"比地方品种的葛根黄酮平均含量高48.39%。淀粉含量测定的结果表明,"湘葛一号"淀粉的平均含量为16.32%,比地方品种高3%左右(表3-2)。

表 3-2 "湘葛一号"与地方品种块根中葛根黄酮及淀粉含量的测定结果

|  | 2001 年 | | 2003 年 | | 平均含量 | |
| --- | --- | --- | --- | --- | --- | --- |
|  | 黄酮含量(mg/kg) | 淀粉含量 | 黄酮含量(mg/kg) | 淀粉含量 | 黄酮含量(mg/kg) | 淀粉含量 |
| 地方品种 | 34.25 | 14.14% | 33.40 | 12.42% | 33.83 | 13.28% |
| 湘葛一号 | 51.14 | 17.44% | 49.70 | 15.2% | 50.42 | 16.32% |

（3）"湘葛一号"块根中纤维素、微量元素及重金属元素的含量比较

纤维素含量的测定结果表明，"湘葛一号"块根中纤维素含量比地方良种减少了5%。微量元素的测定结果表明，"湘葛一号"块根中铁的平均含量为32.44 mg/kg，比地方品种高175.62%。"湘葛一号"块根中重金属铅的含量0.61 mg/kg，大大低于国家食品卫生标准所允许的铅含量2 mg/kg（表3-3）。

## 4. 葛博士一号

江西省上饶市玉山新田园公司培育，由当地选育出的良种，食药两用，亩产2 500～6 000千克。

表 3-3 "湘葛一号"与地方品种块根中纤维素、微量元素及重金属元素含量的测定结果

| 品种 | 2001 年 | | | 2003 年 | | | 平均含量 | | |
|---|---|---|---|---|---|---|---|---|---|
| | 纤维素 | 铁 (mg/kg) | 铅 (mg/kg) | 纤维素 | 铁 (mg/kg) | 铅 (mg/kg) | 纤维素 | 铁 (mg/kg) | 铅 (mg/kg) |
| 地方品种 | 17.07% | 12.4 | 0.38 | 17.84% | 11.4 | 0.83 | 17.45% | 11.77 | 0.71 |
| 湘葛一号 | 13.11% | 32.97 | 0.59 | 12.68% | 31.9 | 0.62 | 12.40% | 32.44 | 0.61 |

注：饮和幅的含量均以 Fe 和 Pb 计算

图 3-7 葛博士一号

## 葛博士一号葛与其他葛种的比较

★ 以下比较均为在同等条件下

★ 以下数据部分由外商提供

★ 严格按照美国 FDA 认证和中国绿色食品发展中心认证要求抽样检测

| 项目 | 药食两用薯葛葛博士一号葛 | 饲食两用薯葛越南葛 | 薯葛亚种细叶粉葛 | 药用葛四川峨嵋葛 |
| --- | --- | --- | --- | --- |
| 产量（kg/亩·两年） | 2 500～6 000 | 2 000～5 000 | 2 000～4 500 | 1 000～2 000 |
| 出粉率 | 25.3%～31.20% | 24.9%～28.5% | 25.0%～29.4% | 3.1%～5.0% |
| 灰分 | 1.56% | 1.62% | 1.66% | 7.73% |
| 粗纤维 | 2.15% | 2.64% | 2.60% | 20.8% |
| 组氨酸（mg/100 g） | 6.74% | 4.83% | 5.14% | 6.05% |
| 总黄酮 | 3.97% | 0.21% | 0.23% | 6.39% |

(续表)

| 项目 | 药食两用薯葛葛博士一号葛 | 饲食两用薯葛越南葛 | 薯葛亚种细叶粉葛 | 药用葛四川峨嵋葛 |
|---|---|---|---|---|
| 总黄酮生产评价 | 优良 | 中等 | 中等 | 良 |
| 淀粉生产评价 | 优良 | 良 | 中等 | 差 |
| 淀粉品质评价 | 93 | 85 | 83 | 72 |

★说明：

（1）葛根产量受栽培条件、外界环境、人为因素等影响。

（2）灰分、粗纤维、组氨酸、总黄酮含量均为干物质的百分数。

（3）组氨酸为儿童生长发育的必需氨基酸。组氨酸含量的高低，是选育葛苗品种过程中所要考虑的重要项目。

（4）总黄酮为葛根中的主要活性物质，也是葛根之所以能够作为功能性食品加以开发的关键，总黄酮含量的高低直接决定了葛苗栽培的品种的好坏。

（5）总黄酮生产评价指的是总黄酮提取的难易程度。

（6）淀粉生产评价指的是葛粉提取的难易程度。

（7）淀粉品质评价主要考虑其外观、气味、斑点、白度、水分含量、灰分含量、枯度等项目，并按国际百分制标准操作。

## 5. 合川苎葛、粉葛

合川苎葛又称苎葛，系合川在多年栽培粉葛中选育出来的优良品种，抗旱、耐瘠薄、生长旺、产量高，一般年均亩产在 1 000～1 500 千克以上，淀粉含量在 20%～22%。多年生豆科藤本植物，葛农把它叫黑皮葛，葛根粗短而形态似红苕，所以葛农又叫它苕葛。

合川苕葛的内含成分指标为：淀粉含量 21.8 g/100 g，出粉率 19.6%，粗纤维 3.78 g/100 g，总黄酮 2.71 g/100 g，粗蛋白 4.24 g/100 g（干合川苕葛，地金二号，由重庆中药研究院和合川农业局培育）。

### 6. 宋葛四号

由德兴宋氏葛业有限公司、江西农业大学农学院选育，NG-1/SG-1 经人工杂交选育而成的常规葛根品种。江西省葛根产区均可种植。为早熟品种，长势较强，植株蔓生，茎蔓粗壮，主蔓长 7.8～10.0 米，节间长 22～26 厘米，蔓上密被 2～3 毫米黄白色硬毛。为三出复叶，主叶柄长 20～30 厘米，叶片厚、深绿色，表面较粗糙，叶表面为白色浅毛。块根较粗，呈纺锤状，无（少）分叉，块根长 43～45 厘米，粗 9～12 厘米，单根重 5 千克左右，表皮薄，灰黄白色，总状花序、腋生，蝶形花，紫色，雌雄同株同花。

该品种块根商品性好，适应性广，丰产性好，出粉率高，抗性较强。

图 3-8　宋葛 4 号

7. 江西农业大学培育的赣葛三号、五号、七号，宋葛一号、四号，江苏丹阳市金葛茶厂选育的金葛二号等良种。

湖北钟祥葛娃已建立葛资源种子库。

图 3-9　葛资源种子库

第四章

# 葛的营养成分及其应用

## 一、葛一身都是宝

葛是原卫生部批准的药食两用的野生植物，根、茎、叶、花、藤都具有药用、食用、纺织等用途，应用广泛。

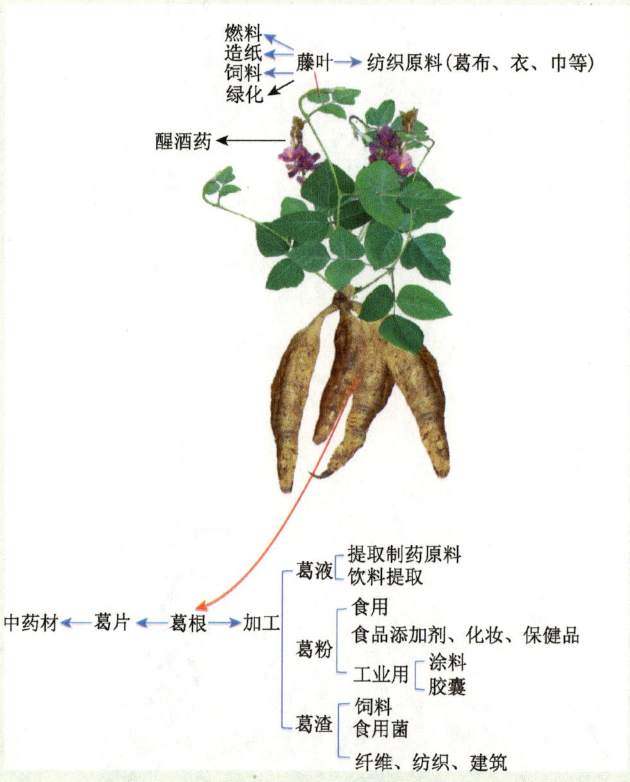

图 4-1 葛的应用

## 二、葛根的营养成分

### 1. 葛根的化学成分研究

近年来,国内外学者通过对葛根主要成分的提取、分离和鉴定,发现主要有如下几类:①异黄酮类,主要包括葛根素、大豆苷元、大豆苷等;②三萜类化合物;③香豆素和葛根苷类;④生物碱及其他化合物;⑤淀粉及氨基酸。

**葛根异黄酮类化合物**

自从1959年日本科学家Yukio等首次报道发现野葛中的一种黄酮,即葛根中特有的一种异黄酮——葛根素,超过46种异黄酮类化合物从该类植物中分离鉴定出来,包括:葛根素(puerarin)、大豆苷元(daidzein)、大豆苷(daidzin)、金雀花异黄素(genistein)、鹰嘴豆芽素A(biochanin A)、染料木素苷(genistin)、芒柄黄花素(formononetin)、芒柄花苷(ononin)、$3'$-羟基葛根素(PG-1)、葛根素木糖苷(PG-2)、$3'$-甲氧基葛根素(PG-3)、大豆黄素-$4',7$-双葡萄糖苷、葛根素芹菜糖苷。

表 4-1　葛根中异黄酮及其苷类物质

| 化合物名称 | R1 | R2 | R3 | R4 | R5 |
|---|---|---|---|---|---|
| 葛根素 | H | H | Glc | H | H |
| 大豆苷元 | H | H | H | H | H |
| 大豆苷 | H | Glc | H | H | H |
| 染料木素 | OH | H | H | H | H |
| 染料木苷 | OH | Glc | H | H | H |
| 芒柄花黄素 | H | H | H | H | Me |
| 鹰嘴豆素 A | OH | H | H | H | Me |
| 葛根素-4′-O-葡萄糖苷 | H | H | Glc | H | Glc |
| 3′-羟基葛根素 | H | H | Glc | OH | H |
| 3′-羟基葛根素-4′-O-脱氧己糖甙 | H | H | Glc | OH | Deaxyhexosyl |
| 3′-羟基-4′-O-葡萄糖基葛根素 | H | H | Glc | OH | Glc |
| 3′-甲氧基葛根素 | H | H | Glc | OMe | H |
| 4′-甲氧基葛根素 | H | H | Glc | H | OMe |
| 6″-O-D-xysolypuerarin | H | H | Glc6-xy1 | H | H |
| 6″-O-丙二酸酯葛根素 | H | Me | 6″-O-manlony-Glu | H | Glu |

(续表)

| 化合物名称 | R1 | R2 | R3 | R4 | R5 |
|---|---|---|---|---|---|
| 7-O-甲醚大豆苷元 | H | Me | H | H | H |
| 3'-甲氧基大豆苷元 | H | Glc | H | OMe | H |
| 7-O-甲醚-3'-甲氧基大豆苷元 | H | Me | H | OMe | H |
| 4'-葡萄糖苷大豆苷 | H | Glc | H | H | Glu |
| 6"-O-丙二酸酯大豆苷 | H | 6"-O-mamlonyl-O-Glc | H | H | H |
| 8-[α-D-glucopyranosyl-(1→6)-β-D-glucopyranosy]daidzein | H | H | α-D-glucopyranosyl-(1→6)-β-D-glucopyranosy | H | H |
| 6'-O-丙二酸染料木甙 | OH | 6"-O-mamlonyl-O-Glc | H | H | H |
| 8-C-[β-D-呋喃芹糖基-(1→6)]-吡喃葡萄糖苷芒柄花黄素 | H | H | β-D-xylopyranosyl-(1→6)-β-D-glucopyranoside | H | Me |

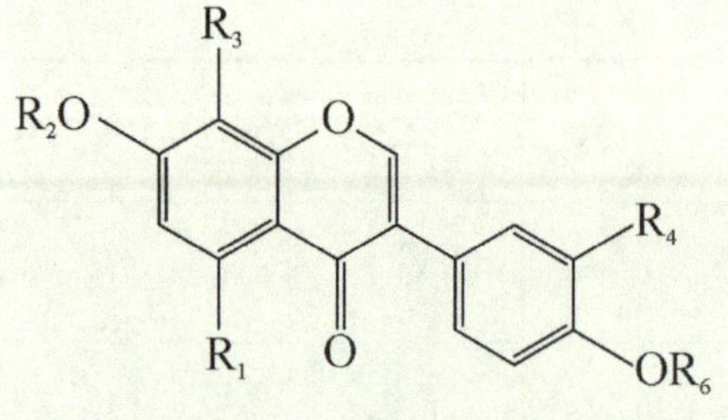

图 4-2 葛根异黄酮化合物结构骨架

葛根中的主要活性成分是异黄酮类物质，含量高于其它活性物质，葛根的心血管效应主要归因于它所含的异黄酮，如葛根素、大豆苷元和大豆苷。研究发现野葛中黄酮含量平均为 7.80%，大约是粉葛中黄酮含量（1.93%）的 4 倍，使用 HPLC 测定野葛根中异黄酮含量，发现野葛中葛根素、大豆苷元、大豆苷含量分别为粉葛中的 5 倍、3 倍、3 倍。

**三萜类化合物**

近年来，葛根三萜类化合物也有较多研究，Arao 等从葛根中分离得到的三萜类化合物主要包括以葛根皂醇 A、B、C 命名的新型齐墩果烷型皂角精醇、槐二醇、大豆皂醇、大豆苷醇等。几乎所有从葛根中分离得到的皂苷类型均为 3-OH-12-烯-齐墩果烷型化合物，分子结构中含有一些羟基基团和羟基，其中 21、22、24 位多数存在羟基，29 位偶有羟基存在，成苷部位主要在 C-3 位，少数在 C-21、C-22、C-29，并且糖的连接方式变化较多，最常见的糖的种类主要有鼠李糖、葡萄糖、半乳糖、阿拉伯糖及葡萄糖醛酸。三萜类化合物结构较复杂，药理活性多样，具有抗肿瘤、保肝、抗炎镇痛等作用。

**香豆素和葛根苷类化合物**

关于葛根中芳香族化合物，很多研究者报道在葛根中发现各种香豆素和酚苷。葛根中的香豆素类化合物主要是苯丙二氧二氢呋喃衍生物（coumestan），如 6,7-二甲氧基香豆素（6,7-dimethoxycoumarin），香豆雌酚（coumestol）和葛根酚（puerarol）。Nohara 在野葛中发现酚苷，命名为葛根苷 A 和葛根苷 B、葛根苷 C，这些都是二氢查尔酮的衍生物，不久 Hirakura 又报道在葛根中发现一种新的酚苷——Kuzubutenolie A。

**淀粉**

粉葛中淀粉约占鲜重的 20%～25%，Suaka 发现葛粉中直链淀粉（amylose）高达 21%，其中支链淀粉和 β-淀粉水解几乎完全达到 67% 和 57%。葛根淀粉具有一些与其他淀粉不同的功能性质，如淀粉糊黏度高、透明度高、不易老化，凝胶在冷冻情况下不易脱水收缩。熊丽萍研究发现葛根淀粉粒径平均值为12.2微米，C型结晶结构，直糊化温度范围57.5～64.7℃。此外，与玉米淀粉相比，葛根淀粉凝沉性较弱，冷糊黏度稳定性较好，其他性质与玉米淀粉相似。

## 氨基酸

葛根及其制品中均含有17种氨基酸，包括人体必需的7种氨基酸，但没有色氨酸，其中的赖氨酸、甲硫氨酸、苯丙氨酸、异亮氨酸和亮氨酸等都是极其重要的氨基酸，赖氨酸＞7 154毫克，苯丙氨酸＞9.65毫克，异亮氨酸＞7 145毫克，亮氨酸＞11.54毫克，儿童必需的氨基酸——组氨酸含量高达6.74毫克。

## 生物碱及其他化合物

葛根中生物碱主要有尿囊素（allanto），5-甲基海因（5-methylhydantoin），生物碱卡赛因等，含有的脂肪酸有花生酸（arachidicacide），2,2烷酸，2,4烷酸、1-2,4烷酸甘油酯等。其他诸如蒽醌（anthraquinone）、Puemiricarpene、韭子碱甲（tuberosine A）的成分在野葛化学成分报道中也有提到，但是对其的具体分析鲜有报道。有研究报道粉葛中可溶性膳食纤维（SDF）含量13.66%，不溶性膳食纤维（IDF）

7.21%，淀粉含量52.87%，粗纤维7.88%，木质素9.05%；野葛中SDF含量39.53%，IDF含量10.54%，淀粉含量16.31%，粗纤维14.19%，木质素16.31%。葛根的总灰分约占5%~7%，含K、Mg、Zn、Fe、Ca、P、Zn、Cu、Se等10多种人体必需的矿物质和微量元素。其中K含量最高，高钾饮食有一定降血压效果；Ca、Mg含量也较高，对人体是一种极有益的补充源；此外，硒具有去热解毒、扩张血管、抗衰老和抗癌等效果。

## 2. 李臻等用广西腾县市售锦健牌葛片为原料分析测定（葛粉1为1∶200目，葛粉2为2∶240目）

一般营养成分的对比分析

表4-2 葛根及其产品中营养成分含量（$10^{-2}$ g/g）

| 种类 | 水分 | 灰分 | 淀粉 | 总膳食纤维 | 蛋白质 | 粗脂肪 | 总黄酮 |
| --- | --- | --- | --- | --- | --- | --- | --- |
| 鲜葛根 | 40.11 | 5.06 | 51.61 | 30.95 | 9.89 | 1.71 | 0.51 |
| 葛片 | 10.73 | 4.27 | 46.13 | 36.76 | 10.05 | 1.21 | 0.26 |
| 葛粉1 | 11.44 | 0.33 | 92.45 | 5.37 | 0.68 | 0.46 | 0.08 |
| 葛粉2 | 8.68 | 0.62 | 93.60 | 4.43 | 0.66 | 0.28 | 0.11 |

表4-3 葛根及其产品的矿质元素含量（$10^{-2}$ g/g）

| 种类 | K | Ca | Mg | Zn | Fe | Mn |
|---|---|---|---|---|---|---|
| 鲜葛根 | 2 024 | 178.40 | 118.60 | 0.35 | 5.00 | 0.41 |
| 葛片 | 951.20 | 308.30 | 171.50 | 3.26 | 16.31 | 2.46 |
| 葛粉1 | 29.54 | 15.03 | 4.84 | — | 3.05 | 0.12 |
| 葛粉2 | 40.36 | 20.24 | 5.84 | — | 5.34 | 0.11 |

注：—表示未检出；所有指标均为干基测定。

表4-4 葛根及其产品的氨基酸组合与含量（$10^{-2}$ g/g）

| 氨基酸 | 鲜葛根 | 葛片 | 葛粉1 | 葛粉2 |
|---|---|---|---|---|
| *天冬氨酸 Asp | 961.88 | 1 199.78 | 14.46 | 36.98 |
| *谷氨酸 Glu | 670.86 | 701.69 | 6.01 | 5.66 |
| 丝氨酸 Ser | 417.09 | 415.54 | 8.95 | 6.99 |
| *甘氨酸 Gly | 308.57 | 341.64 | 16.68 | 11.86 |
| 组氨酸 His | 258.20 | 283.62 | 16.47 | 39.88 |
| *精氨酸 Thr | 402.38 | 462.73 | 52.66 | 38.38 |
| 苏氨酸 Thr | 487.84 | 536.70 | 19.20 | 15.68 |
| 丙氨酸 Ala | 403.20 | 300.96 | 116.52 | 84.82 |
| 脯氨酸 Pro | 983.35 | 1 852.92 | 54.28 | 39.61 |
| *酪氨酸 Tyr | 333.49 | 310.10 | 12.30 | 5.58 |

(续表)

| 氨基酸 | 鲜葛根 | 葛片 | 葛粉1 | 葛粉2 |
|---|---|---|---|---|
| 缬氨酸 Val | 291.34 | 364.55 | 12.15 | 2.91 |
| *蛋氨酸 Met | 47.95 | 21.81 | 4.37 | 0.48 |
| 半胱氨酸 Cys | 22.36 | 12.23 | 9.26 | 8.14 |
| 异亮氨酸 Ile | 207.18 | 226.20 | 36.31 | 25.47 |
| ♯亮氨酸 Leu | 291.49 | 389.50 | 16.57 | 10.80 |
| ♯苯丙氨酸 Phe | 171.70 | 212.26 | 8.90 | 4.29 |
| ♯赖氨酸 Lys | 224.95 | 275.71 | 10.77 | 7.18 |
| 总量 | 6 483.82 | 7 907.94 | 415.99 | 344.72 |

注：♯为人体必需氨基酸；*为药效氨基酸；所有指标均为干基测定。

## 3. 李秀娟等用江西省鹰潭地区葛为原料分析、测量结果

表4-5　葛叶、葛茎、葛根和葛根淀粉常规成分的测定结果

| 检测项目 | 水分 | 蛋白质 | 精脂肪 | 粗纤维 | 淀粉 | 灰分 |
|---|---|---|---|---|---|---|
| 葛叶 | 78.7% | 3.70% | 3.45% | 24.45% | — | — |
| 葛茎 | 84.1% | 0.82% | 1.45% | 11.71% | — | — |
| 葛根 | 75.0% | 0.34% | 1.15% | 35.39% | 48.00% | 5.05% |
| 葛根淀粉 | 8.4% | 0.12% | 检测不出 | | 99.60% | 检测不出 |

表4-6 葛根中矿物质的检测结果

| 指标 | 锌(mg/kg) | 钙(mg/kg) | 磷(mg/kg) | 铁(mg/kg) | 铜(mg/kg) |
|---|---|---|---|---|---|
| 含量 | 2.55 | 985 | 670 | 3.70 | <0.2 |

表4-7 葛叶、葛茎、葛根和葛根淀粉中黄酮类物质的测定结果

| 检测项目 | 总黄酮(mg/kg) | 大豆苷(mg/kg) | 染料木苷(葛根素)(mg/kg) | 黄豆苷元(mg/kg) | 染料木黄酮(mg/kg) |
|---|---|---|---|---|---|
| 葛叶 | 3 055 | 958.25 | 332.38 | 9.72 | 检测不出 |
| 葛茎 | 5 274 | 3325 | 269.78 | 74.64 | 15.78 |
| 葛根 | 6 877 | 691.23 | 426.18 | 117.1 | 6.21 |
| 葛根淀粉 | 166 | 37.78 | 3.22 | 40.24 | 1.83 |

## 4. 安伟健等对不同产地葛根中总黄酮和葛根素的含量测定

表4-8 不同产地野葛和粉葛根中总黄酮含量比较[①]

| 野葛 | | | | 粉葛 | |
|---|---|---|---|---|---|
| 产地 | 总黄酮含量(mg/g) | 产地 | 总黄酮含量(mg/g) | 产地 | 总黄酮含量(mg/g) |
| 辽宁沈阳 | 12.3 | 山东牟平县 | 7.7 | 四川北川县 | 3.86 |
| | 3.70(茎) | 云南文山 | 7.63 | 四川安岳县 | 3.6 |

(续表)

| 野葛 | | | | 粉葛 | |
|---|---|---|---|---|---|
| 产地 | 总黄酮含量（mg/g） | 产地 | 总黄酮含量（mg/g） | 产地 | 总黄酮含量（mg/g） |
| 辽宁沈阳2 | 11.6 | 四川南川 | 7.43 | 西藏日喀则 | 3.15 |
| 北京怀柔 | 11.2 | 贵州凯里 | 7.43 | 广东乳液 | 2.42 |
| 黑龙江尚志 | 9.73 | 四川峨眉山 | 7.38 | 四川合江县 | 2.24 |
| 吉林通化 | 9.46 | | 3.97（茎） | 广西博白 | 1.85 |
| 甘肃康县 | 9.01 | 广西玉林 | 7.30 | 广西梧州 | 1.7 |
| | | | 2.10（茎） | | 1.58 |
| 宁夏团原 | 8.75 | 湖南资兴 | 7.03 | 广西隆林 | 1.42 |
| 安徽合肥 | 8.65 | 河南信阳 | 6.95 | 广西桂林 | 0.34 |
| 天津蓟县 | 8.43 | 江苏南京 | 6.75 | 广西容县药材公司[②] | 0.33 |
| 陕西太白山 | 8.43 | 江西水修 | 6.44 | | |
| 湖北枝城 | 8.10 | 陕西紫阳 | 6.3 | | |
| 重庆 | 7.95 | 四川内江 | 5.04 | | |
| 湖北阳新 | 7.95 | 山西阳城 | 4.43 | | |
| 海南乐东 | 7.95 | 福建福州 | 4.08 | | |
| 广东花县 | 7.83 | | | | |

注：①样品均由笔者自采或代采后，晒干，去净泥土备用，并由笔者鉴定；②样品已发霉，从广西容县药材公司购买，按药材习惯加工炮制。

表 4-9　不同产地葛根中总黄酮和葛根素含量测定结果（$n=3$）

| 品种 | 产地 | 产地 | 总黄酮平均含量 | 葛根素平均含量 |
|---|---|---|---|---|
| 野葛 | 广东普宁药材市场 | 湖南 | 12.68% | 2.52% |
|  | 河北安国药材市场 | 湖南 | 16.24% | 3.78% |
|  | 河北安国药材市场 | 广东 | 11.65% | 2.65% |
|  | 河北安国药材市场 | 四川 | 16.43% | 3.80% |
|  | 安徽亳州药材市场 | 四川 | 18.41% | 4.06% |
| 粉葛 | 安徽亳州药材市场 | 河南 | 1.08% | 0.33% |
|  | 广州清平药材市场 | 广东 | 0.99% | 0.41% |
|  | 广州清平药材市场 | 广东 | 1.03% | 0.49% |
|  | 广州某大药房 | 广西 | 0.74% | 0.32% |
|  | 广西南宁某大药房 | 广西 | 0.66% | 0.21% |

## 三、葛花的营养成分

葛花又称葛条花,为豆科植物野葛或甘葛藤的干燥花。葛花始载于《名医别录》,具有解酒醒脾之功,用以治疗发热烦渴、不思饮食、呕逆吐酸、吐血、肠风下血等症。历代本草均将葛花作为一味解酒专药而收载,出现了以葛花解酲汤为代表的一系列解酒方。近年来,国内外研究者从葛花中分离到了一些新的化学成分,如异黄酮、皂苷类、挥发油类、甾醇类和氨基酸等,并发现其除了保肝作用,还有保护心肌、改善学习记忆能力等药理活性作用。

图 4-2 葛花

## 四、葛藤的营养成分及应用

李石生等从野葛藤茎中分离得到 9 种化合物。经理化常数和波谱分析，分别鉴定为：尿囊素（allantoin，Ⅰ），二十四酸-α-甘油酯（tetracosanoid acid-2, 3-dihydroxypropyl ester，Ⅱ），β-谷甾醇（β-sitosterol，Ⅲ），6,7-二甲氧基-3′,4′-次甲二氧基异黄酮（6, 7 - dimethoxy - 3′, 4′- methylenedioxyisoflavone，Ⅳ），芒柄花异黄酮（formononetin，Ⅴ），大豆苷元（daidzein，Ⅵ），大豆苷（daidzin，Ⅶ），葛根素（puerarin，Ⅷ）和胡萝卜苷（daucosterol，Ⅸ）。其中化合物Ⅱ和Ⅳ为首次从该植物中分离得到。

张德武等从野葛茎中分离鉴定了 12 个异黄酮类化合物分别为：9 - hydroxy - 2′, 2′- dimethylpyrano［5′, 6′：2, 3］- coumestan（Ⅰ），butesuperin A（Ⅱ）、corylin（Ⅲ）、7-羟基-2′,5′-二甲氧基异黄酮（Ⅳ）、7′,2′,4′-三羟基二氢异黄酮（Ⅴ）、liquitigenin 7-methyl ether（Ⅵ）、香草醛（Ⅶ）、4-羟基-2-乙氧基苯甲醛（Ⅷ）、葛根苷 D（Ⅸ）（－）-puerol（Ⅹ）、hydroxytuberosone（Ⅺ）、胡萝卜苷（Ⅻ）。化合物Ⅰ，

Ⅳ为新的天然产物化合物，Ⅰ～Ⅷ为首次从葛属植物中分离得到。

葛藤的药用在古汉方中已有记载。

夏商、周代时期，葛藤是我国最早用来制作衣巾的纺织原料，葛藤可制作绳索，编成网，制成履、帽。

从野葛藤蔓中提取纤维纺织成葛布，制成衣服、头巾，称为葛布、葛衣、葛巾（在《诗经》及唐诗中有很多的描述），是我国最早的纺织品，这是中华文化的瑰宝，是中华文明史上的进步。

丝绸之路开通后，葛布及衣巾传入日本、朝鲜及西域。日本神道教的御衣现在仍使用古传的褂川——大井川葛布。

汉唐时期，国际贸易加深，棉花、胡麻、亚麻得到大力推广栽培，麻织品、棉织品慢慢取代了葛布、葛衣。现在葛衣、葛布已成稀罕之物。葛藤还能用于医药、食品、燃料工业等，在生态应用方面有保持水土、防风固沙、遏制沙漠化及绿化等作用。

葛根、藤、茎、叶、花的化学成分及其营养成分分析表明，葛内含物丰富，一身都是宝，从古至今有着食用、药用、纺织、日用等方面的应用价值。

但不同的品种，不同的地域、气候、土壤，葛的有效成分含量也是不同的，要扬长避短，择优而为。

第五章

# 葛的药用

# 一、葛在中医中的应用

## 1. 我国古代有关葛的药用记载

我国自古以来就发现葛能治病,我国最早的医学专著《神农本草经》将葛根列为中品,"主消渴,身大热,呕吐,诸痹,起阴风,解诸毒"。

《别录》:"疗伤寒中风头痛,解肌,发表,出汗,开腠理,疗金疮,止痛,胁风痛。""生根汁,疗消渴,伤寒壮热。"

《本草经集注》:"杀野葛、巴豆、百药毒。"

陶弘景:"生者捣取汁饮之,解温病发热。葛根为屑,疗金疮断血,亦疗疟及疮。"

《药性论》:"治天行上气,呕逆,开胃下食,主解酒毒,止烦渴。熬屑治金疮,治时疾解热。"

《唐本草》:"主制狗啮,并饮其汁良。"

《本草拾遗》:"生者破血,合疮,堕胎,解酒毒,身热赤,酒黄,小便赤涩。"

《日华子本草》:"治胸膈热,心烦闷热狂,止血痢,通小肠,排脓破血,敷蛇虫啮。"

《开宝本草》:"小儿热痞,以葛根浸捣汁饮之。"

《医学启源》："除脾胃虚热而渴。"

张元素："发散表邪，发散小儿疮疹难出。"

## 2. 明李时珍的《本草纲目》对葛的药用有详细的记载

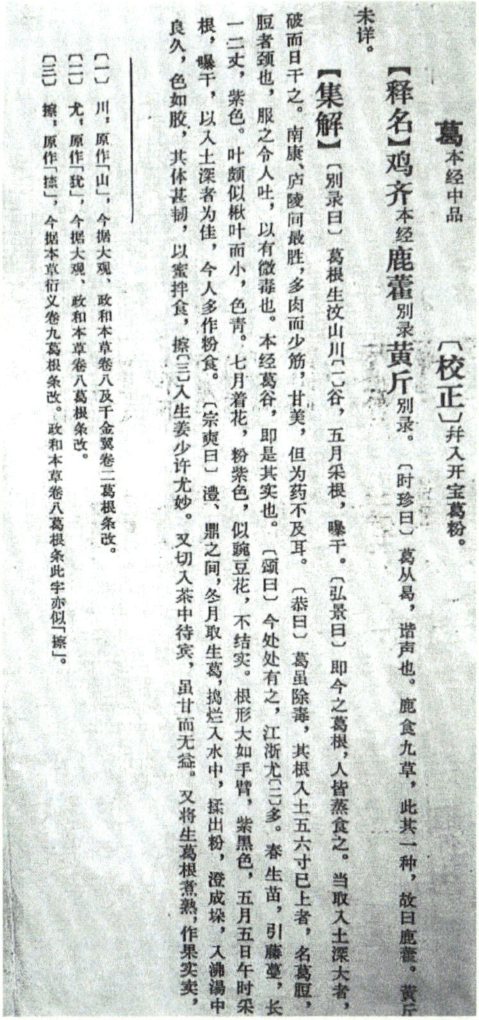

葛本经中品

〔校正〕并入开宝葛粉。

【释名】鸡齐本经 鹿藿别录 黄斤别录。〔时珍曰〕葛从曷，谐声也。鹿食九草，此其一种，故曰鹿藿。黄斤未详。

【集解】〔别录曰〕葛根生汶山川〔一〕谷，五月采根，曝干。〔弘景曰〕即今之葛根，人皆蒸食之。当取入土深大者，破而日干之。南康、庐陵间最胜，多肉而少筋，甘美，但为药不及耳。〔恭曰〕葛虽除毒，其根入土五六寸已上者，名葛脰，脰者颈也，服之令人吐，以有微毒也。本经葛谷，即是其实也。〔颂曰〕今处处有之，江浙尤〔二〕多。春生苗，引藤蔓，长一二丈，紫色。叶颇似楸叶而小，色青。七月着花，粉紫色，似豌豆花，不结实。根形大如手臂，紫黑色，五月五日午时采根，曝干，以入土深者为佳，今人多作粉食。〔宗奭曰〕澧、鼎之间，冬月取生葛，捣烂入水中，揉出粉，澄成垛，入沸汤中良久，色如胶，其体甚韧，以蜜拌食，擦〔三〕入生姜少许尤妙。又切入茶中待宾，虽甘而无益。又将生葛根煮熟，作果实实，

〔一〕川：原作「山」，今据大观、政和本草卷八及千金翼卷二葛根条改。

〔二〕尤：原作「犹」，今据大观、政和本草卷八葛根条改。

〔三〕擦：原作「捺」，今据本草衍义卷九葛根条改。政和本草卷八葛根条此字亦似「擦」。

图 5-1 明李明珍《本草纲目》对葛的药用的记载

图 5-2 《本草纲目》葛根的应用

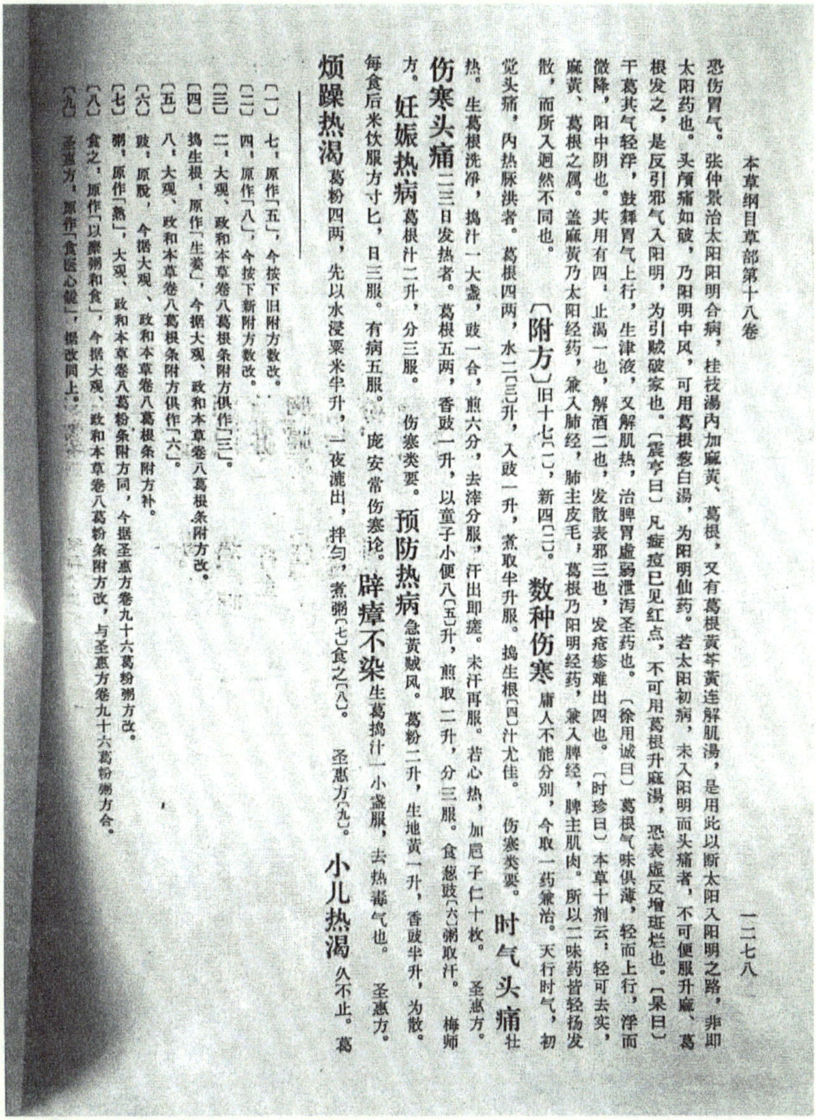

本草纲目草部第十八卷　一二七八

恐伤胃气。张仲景治太阳阳明合病，桂枝汤内加麻黄、葛根，又有葛根黄芩黄连解肌汤，是用此以断太阳入阳明之路，非即太阳药也。头颅痛如破，乃阳明中风，可用葛根葱白汤，为阳明仙药。若太阳初病，未入阳明而头痛者，不可便服升麻、葛根发之，是反引邪气入阳明，为引贼破家也。〔震亨曰〕凡疹痘已见红点，不可用葛根升麻汤，恐表虚反增斑烂也。〔杲曰〕干葛其气轻浮，鼓舞胃气上行，生津液，又解肌热，治脾胃虚弱泄泻圣药也。〔徐用诚曰〕葛根气味俱薄，轻而上行，浮而微降，阳中阴也。其用有四：止渴一也，解酒二也，发散表邪三也，发疮疹难出四也。〔时珍曰〕本草十剂云：轻可去实，麻黄、葛根之属。盖麻黄乃太阳经药，兼入肺经，肺主皮毛；葛根乃阳明经药，兼入脾经，脾主肌肉。所以二味药皆轻扬发散，而所入迥然不同也。

〔附方〕旧十七〔一〕，新四〔二〕。

**数种伤寒**庸人不能分别，今取一药兼治。天行时气，初觉头痛，内热脉洪者。葛根四两，水二〔三〕升，入豉一升，煮取半升服。捣生根〔四〕汁尤佳。伤寒类要。**时气头痛**壮热。生葛根洗净，捣汁一大盏，豉一合，煎六分，去滓分服，汗出即瘥。未汗再服。若心热，加栀子仁十枚。圣惠方。**伤寒头痛**二三日发热者。葛根五两，香豉一升，以童子小便八〔五〕升，煎取二升，分三服。食葱豉〔六〕粥取汗。梅师方。**妊娠热病**葛根汁二升，分三服。伤寒类要。**预防热病**急黄贼风。葛粉二升，生地黄一升，香豉半升，为散。每食后米饮服方寸匕，日三服。有病五服。庞安常伤寒论。**辟瘴不染**生葛捣汁一小盏服，去热毒气也。圣惠方。**烦躁热渴**葛粉四两，先以水浸粟米半升，一夜漉出，拌匀，煮粥〔七〕食之〔八〕。圣惠方〔九〕。**小儿热渴**久不止。葛

〔一〕七，原作「五」，今按下旧附方数改。
〔二〕四，原作「八」，今按下新附方数改。
〔三〕二，大观、政和本草卷八葛根条附方俱作「三」。
〔四〕捣生根，原作「生姜」，今据大观、政和本草卷八葛根条附方改。
〔五〕八，大观、政和本草卷八葛根条附方俱作「六」。
〔六〕豉，原脱，今据大观、政和本草卷八葛根条附方补。
〔七〕粥，原作「熬」，大观、政和本草卷八葛粉条附方同，今据圣惠方卷九十六葛粉粥方改。
〔八〕食之，原作「以糜粥和食」，今据大观、政和本草卷八葛粉条附方改，与圣惠方卷九十六葛粉粥方合。
〔九〕圣惠方，原作「食医心镜」，据改同上。

图 5-3 《本草纲目》葛的附方

图 5-4 《本草纲目》葛谷的用法

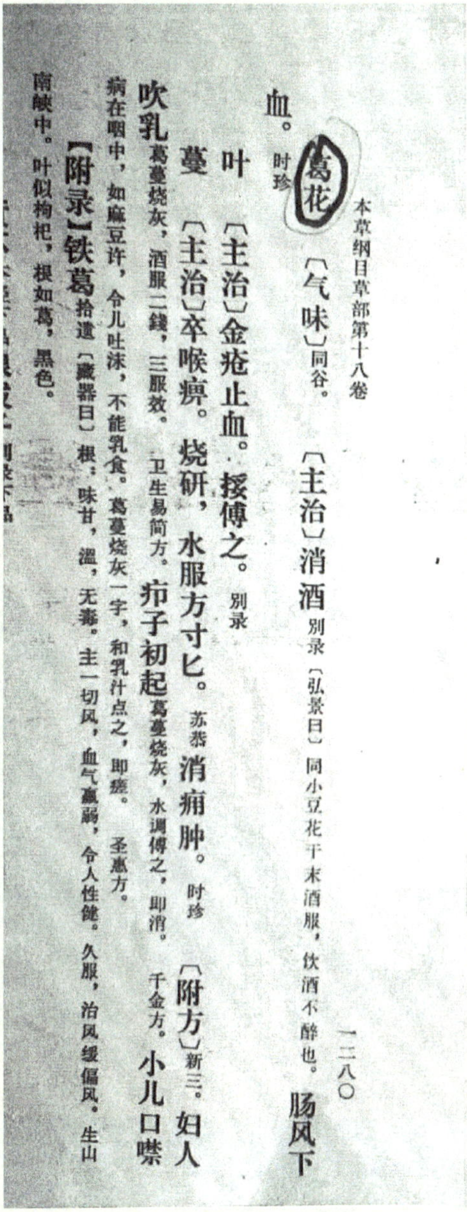

第五章 葛的药用

本草纲目草部第十八卷

**葛花**

〔气味〕同谷。

〔主治〕消酒。别录 〔弘景曰〕同小豆花干末酒服,饮酒不醉也。肠风下血。时珍

叶 〔主治〕金疮止血。挼傅之。别录

蔓 〔主治〕卒喉痹。烧研,水服方寸匕。疖子初起,葛蔓烧灰,水调傅之,即消。时珍

〔附方〕新三。妇人吹乳,葛蔓烧灰,酒服二钱,三服效。卫生易简方。葛蔓烧灰一字,和乳汁点之,即瘥。圣惠方。小儿口噤,病在咽中,如麻豆许,令儿吐沫,不能乳食。葛蔓烧灰,合乳汁服之,即愈。千金方

〔附录〕铁葛 拾遗〔藏器曰〕根,味甘,温,无毒。主一切风,血气羸弱,令人性健。久服,治风缓偏风。生山南峡中。叶似枸杞,根如葛,黑色。

一三八〇

图5-5 《本草纲目》葛花的用法

### 3. 中医药方传到日本、朝鲜半岛等地

其中日本汉方药葛根汤尤为推崇,作为日本儿童第一感冒药使用。

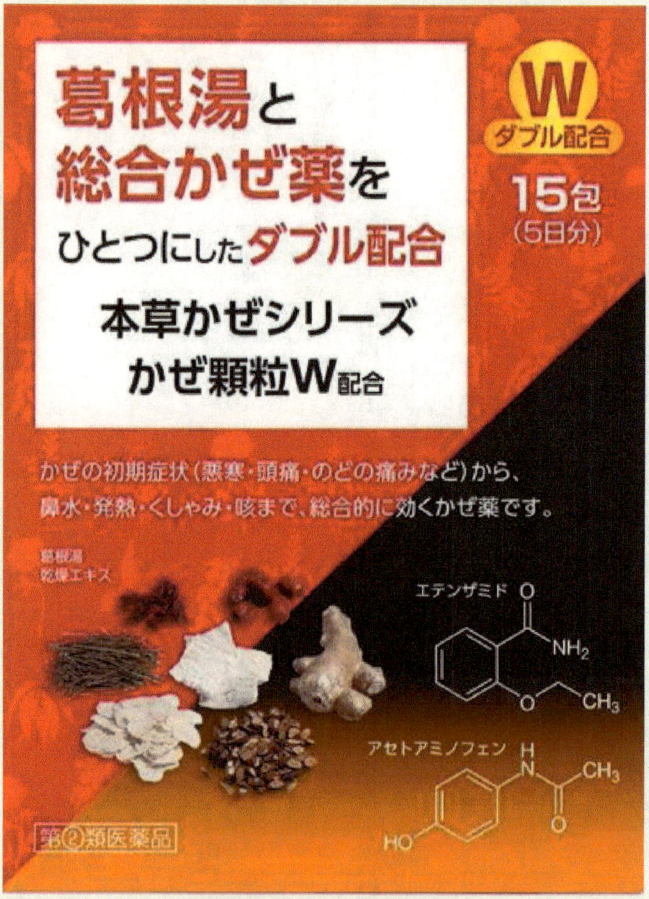

图 5-6　日本感冒药葛根汤

## 二、葛的现代药理和临床应用

中国研究表明，葛根可增加动脉硬化患者的脑血流量，缓解颈部疼痛、僵硬。美国研究则显示，葛根能抑制酒瘾。

目前，在中国，葛根通常与升麻合用治疗麻疹；还可治疗肌肉疼痛，尤其适用于高烧引起的颈部、背部的肌肉疼痛。葛根可用于治疗头痛、眩晕和高血压引起的麻木、麻痹等症状。此外，葛根还可有效治疗痢疾和腹泻，与菊花合用可解酒精中毒、宿醉。

2003年，距葛根素临床应用已有10年，美国哈佛大学推出了世界首部葛根药学研究经典专著 *Pueraria*（葛），柴象枢、赵爱平研究员领衔美欧亚10余个国家31位学者，系统研究阐述了葛根素对高血脂导致的冠心病、心肌梗死和脑梗塞、偏瘫、血管性痴呆等心脑血管疾病，以及化学性肝损伤的多靶点防治作用，引起国际医学界轰动。

葛根素是传统中药葛根的科学新发现，是现代生物医药技术对传统中医药宝藏的升华挖掘。国际著作 *Pueraria*（葛）的发行，赢得了国际生理学界和医药学界的普遍认可和高度评价。

这几十年来，从葛的根、叶、花中发现并提取了多种化学成分，医药界的学者、专家对葛茛药理研究发现：

葛根对心血管系统的作用：降低血压、减慢心率、降低心肌耗氧量、抗心律失常、扩张冠状动脉作用、抑制血小板聚集。

葛根还具有降血糖、降血脂、抗氧化、抗肿瘤、抗炎、抗流感、解酒及抗酒精中毒的作用。

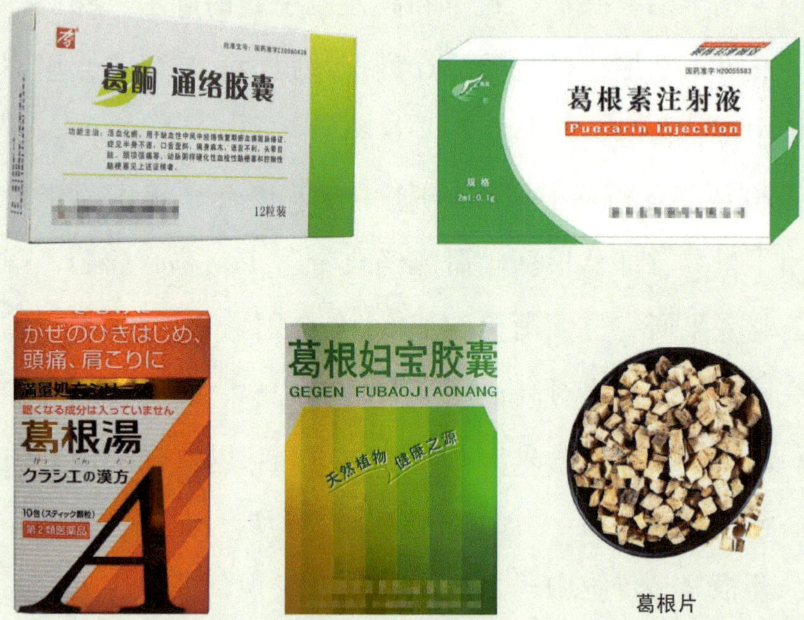

图 5-7 葛的现代药用

## 第五章 葛的药用

由葛根、藤、叶、花中提取的药品已经用于治疗心脑血管病、突发性耳聋、眼底病、降血糖、降血脂、妇科病、解酒及抗酒精中毒等。

有关葛的药物：葛根素注射液、葛酮通络胶囊、葛根片、葛根素片剂、葛根素胶丸、葛根素滴丸、葛根素胶囊、葛根妇宝胶囊、葛根素磷脂复合物胶囊、葛根素注射液与丹参酮联用、葛根素与辛华他汀联用、葛根素硝酸甘油注射液联用。

通过医、药学家的进一步深入研究，一定能研制出世界级的新药。

第六章

葛根淀粉（葛粉）的应用

葛粉是从葛根中加工提取的淀粉，可以生吃、热吃、当菜吃。传说东汉末年的绿林起义军在山区缺粮加上瘟疫，死亡人数不少。后挖葛根充饥，生吃、熟吃，一段时间后，将士多痊愈。

自然灾害时，缺粮少吃，不少人上山挖野葛充饥。

葛粉已返璞归真，因为其丰富的内含物，有药、食两方面的效果。零糖、零脂，含黄酮素、葛根素，富含各种有效氨基酸、矿物质等。

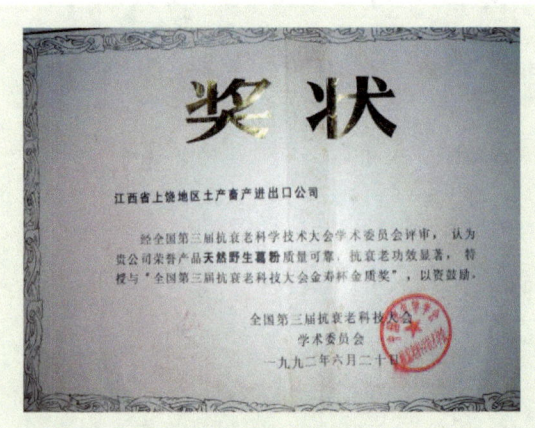

图 6-1　天然野生葛粉获奖

现代已成为高档食品，抗衰老食品。在国内有北参南葛的美誉，"白色的金子"之称。天然野生葛粉，抗衰老效果显著，获得"全国第三届抗衰老科技大会金寿杯金质奖"。

## 一、葛粉加工

### 1. 传统的手工加工方法

新鲜的葛根运到工厂，一般存放工厂 2～3 天要加工完毕，加工时用水把葛根洗刷干净，不能有泥沙杂物，再通过粉碎机破碎，放到木桶用山泉水搅拌，再把大纤维捞出，用 120 目筛网过滤后，葛水放在木桶中沉淀，沉淀 48 小时后把木桶水倒掉，底下的沉淀是油粉。然后加少量水把油粉搅拌成葛液，沉淀 48 小时，把水倒掉，就是粉，上面一层是油粉，中间是板粉，底下是沙子。将上层油粉洗净放到另外木桶，再把底下沙子除掉，剩下是好的标准粉。再加清水搅拌，沉淀 48 小时后把水倒掉剩下是白粉。如果有杂质，把杂质去掉，再放清水把葛粉搅拌沉淀 48 小时后，把水倒掉后检查粉里有没有其他杂质，就可以把粉从木桶里一块一块起到盘子上晾干，看天气情况一般晾干要 45 天左右。葛根从破碎到起粉，在木桶里需要洗 4 次，1 次 48 小时，木桶直径 80 厘米，高度 1 米，1 个桶只能洗葛根 25 千克左右。

第六章 葛根淀粉（葛粉）的应用

图6-2 清洗葛粉

图6-3 葛粉沉淀

取粉时用刀削除少量边沿黑粉，用筛筛掉粉末（内含部分灰层）装袋，自然晾干、晒干的葛粉呈颗粒状、起灰，有扎手的感觉，水分17%左右。

取出的头道粉有的直接晾干，二道粉也单独晾干，这样缺点是不均匀，色差明显，黏度不一样。

如把头道湿粉加二道洗的湿粉混合后再洗一次，过滤后沉淀，这样葛粉色差小、均匀、黏度一致。

## 2. 葛粉半手工加工工艺流程

（1）先用高压水枪冲洗葛根，把泥沙杂物冲洗掉，葛根放入浆渣破碎分离一体机，加水破碎（料水比1∶8）。

（2）通过分离机浆渣分离（120目筛网）。

（3）分离浆液进入过滤池（规格：长15米，宽0.4米，高0.8米）。

（4）过滤池上层浆液自然流到1号沉淀池（规格：长23米，宽4.5米，高0.6米）放置2天。

（5）2天后将1号沉淀池中的水排放。

（6）取出1号沉淀池中的淀粉加水搅拌至完全液态进入2号淀粉池（长5米，宽4.5米，高0.6米），水粉比4∶1，放置3天。

（7）3天后将2号淀粉池中的水排出，去掉上面的黑色油粉。

第六章 葛根淀粉（葛粉）的应用

图6-4 浆渣破碎分离一体机

（8）取出2号淀粉池中的白色淀粉加水搅拌至完全液态（水粉比10∶1）放置2小时。

（9）2小时后用水泵由上而下抽取浆水至3号池（长5米，宽4.5米，高1米）同时浆液用120目筛网过滤（注：水泵抽取浆液由上而下逐渐下降，抽取至有杂质时应关闭水泵，将含有杂质的浆液加水搅拌放置2小时再用水泵抽至3号池，方法一样）后排掉杂质。

（10）3天后排掉3号池的水，取出淀粉。

（11）将取出的淀粉分成（长5厘米，宽4厘米，厚1厘米）块状放置于盘中自然风干（约45天），等手感刺手，抓起起烟灰，葛粉就干了。

图6-5 沉淀池

图6-6 葛粉风干

## 3. 葛根素提取生产工艺流程

（1）收集葛根生产的水至 1 号水池，加入沉淀剂（聚合氯化铝），放置 12 小时。

（2）12 小时后用水泵抽取 1 号池中上清液至过滤机过滤杂质并清除 1 号池中的沉淀物。

图 6-7 过滤设备

（3）过滤后的原料水进入 2 号池待生产。

（4）用水泵抽取 2 号池原料上柱（注：柱是直径 0.5 米、高 13 米的圆柱，内部装填具有吸附葛根素的材料）树脂吸附，并控制上柱流速在 240。

图 6-8 树脂吸附葛根素

（5）原料通过柱体由上而下流出，葛根素被吸附，水直接排出。

（6）待柱体吸附饱和后停止上料（约 12 小时）。

第六章 葛根淀粉（葛粉）的应用

（7）用清水洗涤柱体，去掉微小杂质（约2小时）。

（8）用酒精洗涤柱体（注：葛根素易溶于酒精中）。

（9）将洗涤出来的含有葛根素的酒精抽到酒精回收机中，分离出酒精和葛根素（酒精可重复利用）。

图6-9 分离酒精和葛根素

（10）此时的葛根素水分比较大，需将葛根素抽到浓缩机中浓缩。

图6-10　浓缩提纯葛根素

第六章 葛根淀粉（葛粉）的应用

（11）浓缩后出产品装桶，形成初级产品再去提纯加工，变成药用。

漆德武兄弟设计的浆渣破碎分离一体机很适合加工葛粉，成本低，有水、电、场地就可以安装使用，使用便捷，每小时加工鲜葛根800千克左右。该机器集破碎、分筛、水洗、浆渣分离于一体，省工、省力、省时、占地少。

2018年，安徽金寨县葛粉加工厂用收集提取葛粉的废水生产出能提取葛根素的初级产品，做到了提取葛粉和葛根素综合加工利用，即药用、食用联合加工，大大提高了葛根的使用价值，虽然设备简陋，工艺有待改进，但走出了葛根药食联合加工、综合利用的一条新路。

### 4. 机械加工

加工工艺流程：

葛根（原料）→初洗→清洗→破碎→浆渣分离→除砂→过滤→蛋白质分离→脱水→干燥→包装→淀粉成品。

**葛粉加工成套设备**

• 适用于将葛根加工成葛粉，每小时生产葛粉100～2 000千克。

• 针对葛根纤维含量高、质地硬等特点，特别设计了葛

根粗碎机和野葛专用破碎机,有效地解决了葛根破碎这一技术难题。

表 6-1  主要技术参数

| 型号 | 生产能力（葛粉 kg） | 装机容量（kW） | 主车间尺寸（米） |
| --- | --- | --- | --- |
| GF-100A | 100 | 44.75 | 36×10×4 |
| GF-100B | 100 | 82.7 | 36×8×4 |
| GF-200A | 200 | 57.5 | 36×15×4 |
| GF-200B | 200 | 99.85 | 36×10×4 |
| GF-300B | 300 | 116.1 | 36×10×5 |
| GF-300C | 300 | 127.3 | 42×10×5 |
| GF-500B | 500 | 159.7 | 48×12×5 |
| GF-500C | 500 | 173.2 | 48×12×5 |
| GF-1000C | 1 000 | 307.55 | 60×12×6 |
| GF-2000C | 2 000 | 491.37 | 72×16×8 |

## 5. 不同工艺加工葛根全粉对比

取新鲜葛根，采用三种不同的生产工艺进行加工。

制片工艺：原料挑选→清洗→去皮→切片（厚度10～15 mm）→护色（0.3%焦亚硫酸钠、0.35%柠檬酸护色1小时）→漂洗蒸煮（100℃、16分钟）→清洗热风干燥（60℃、18小时）粉碎→过筛（过80目分样筛）→成品。

冷冻干燥工艺：原料挑选→清洗→去皮→切片（厚度10～20 mm）→热烫（100℃、1分钟）→护色（0.3%焦亚硫酸钠、0.3%柠檬酸、0.35%抗坏血酸护色1小时）→漂洗→冷冻→冷冻干燥（24小时）→粉碎→过筛（过80目分样筛）→成品。

打浆工艺：原料挑选清洗去皮切片（厚度10～25 mm）→护色（0.3%焦亚硫酸钠、0.3%柠檬酸、0.25%抗坏血酸护色45分钟）→漂洗→蒸煮（100℃、16分钟）→打浆→真空干燥（60℃、24小时）→粉碎→过筛（过80目分样筛）→成品。

表6-2 不同工艺条件下葛根全粉的化学成分含量

| 化学成分 | 制片工艺 | 冷冻干燥工艺 | 打浆工艺 |
| --- | --- | --- | --- |
| 水分/（100 g） | 6.003 | 5.345 | 7.579 |
| 总淀粉/（100 g） | 64.032 | 62.768 | 63.454 |

(续表)

| 化学成分 | 制片工艺 | 冷冻干燥工艺 | 打浆工艺 |
|---|---|---|---|
| 还原糖/（100 g） | 6.258 6 | 5.986 8 | 6.093 5 |
| 氨基酸/（100 g） | 0.735 | 0.071 8 | 0.072 6 |
| 粗纤维/（100 g） | 9.213 3 | 8.34 | 0.275 |
| 粗蛋白/（100 g） | 4.598 1 | 4.471 8 | 4.695 6 |
| 粗脂肪/（100 g） | 0.709 6 | 0.876 8 | 0.712 1 |
| 灰分/（100 g） | 2.317 1 | 2.306 7 | 2.287 9 |
| 葛根素（mg/*100%） | 19.035 5 | 38.977 5 | 19.766 5 |

由表6-2可知，不同加工工艺对葛根全粉的基本成分影响不大，如淀粉、蛋白质、脂肪等。但不同加工工艺对葛根素的含量影响较大，其中冷冻干燥工艺制得葛根全粉的葛根素含量最高，打浆工艺和制片工艺制得的葛根全粉葛根素含量均较低，其原因在于随着加热温度升高，葛根总黄酮的损失加大，尤其是加热温度大于70℃时，葛根素含量下降的幅度增加，葛根素的损失率随着加热时间延长而增加，制片工艺和打浆工艺有蒸煮过程，加热温度高达100℃，因此葛根素损失严重，且制片工艺蒸煮时间长，产品中葛根素含量最少。

表 6-3  不同工艺制得的葛根全粉的感官评价表

| 评价项目 | 制片工艺 | 冷冻干燥工艺 | 打浆工艺 |
|---|---|---|---|
| 色泽 | 淡淡的黄色 | 白色 | 淡淡的黄色 |
| 香味 | 较浓郁的葛根特有的香味 | 较浓郁的葛根特有的香味 | 淡淡的葛根的香味 |
| 黏口性 | 润滑，无沙粒感 | | |
| 颗粒感 | 分散性较好，少量结块现象 | 分散性差，大量结块现象 | 分散性好，无结块现象 |

## 6. 葛根超微粉加工

葛根超微粉试样是神农架野生葛根经切片、烘干、超微粉碎得到的 300 目粉末。

葛粉试样是葛根超微粉经过传统水洗工艺处理而得到的速食葛粉。

表 6-4  测定结果

| 样品 | 葛根素（mg/g） | 大豆苷（mg/g） | 大豆甙元（mg/g） |
|---|---|---|---|
| 葛根超微粉 | 2.66 | 0.65 | 0.35 |

葛粉用机械加工、烘干机烘干后，葛粉中葛根素、大豆

苷、大豆苷元等物质流失殆尽，但用自然晾干、晒干的颗粒状葛粉尚含有部分健康物质。

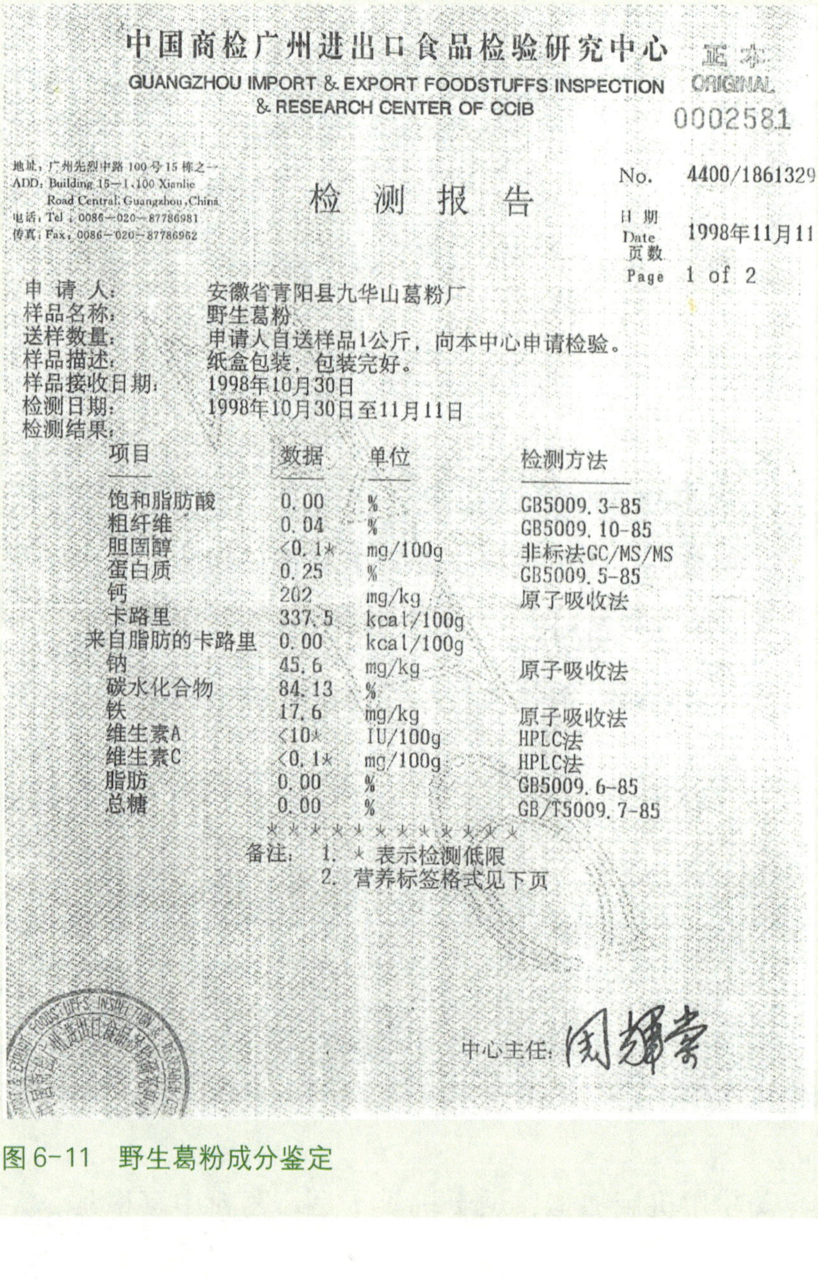

中国商检广州进出口食品检验研究中心 正本

GUANGZHOU IMPORT & EXPORT FOODSTUFFS INSPECTION & RESEARCH CENTER OF CCIB ORIGINAL

0002581

地址：广州先烈中路100号15栋之一
ADD: Building 15－1, 100 Xianlie Road Central, Guangzhou, China
电话：Tel：0086－020－87786981
传真：Fax：0086－020－87786962

检 测 报 告

No. 4400/1861329
日期 Date 1998年11月11
页数 Page 1 of 2

申请人：安徽省青阳县九华山葛粉厂
样品名称：野生葛粉
送样数量：申请人自送样品1公斤，向本中心申请检验。
样品描述：纸盒包装，包装完好。
样品接收日期：1998年10月30日
检测日期：1998年10月30日至11月11日
检测结果：

| 项目 | 数据 | 单位 | 检测方法 |
|---|---|---|---|
| 饱和脂肪酸 | 0.00 | % | GB5009.3-85 |
| 粗纤维 | 0.04 | % | GB5009.10-85 |
| 胆固醇 | <0.1* | mg/100g | 非标法GC/MS/MS |
| 蛋白质 | 0.25 | % | GB5009.5-85 |
| 钙 | 202 | mg/kg | 原子吸收法 |
| 卡路里 | 337.5 | kcal/100g | |
| 来自脂肪的卡路里 | 0.00 | kcal/100g | |
| 钠 | 45.6 | mg/kg | 原子吸收法 |
| 碳水化合物 | 84.13 | % | |
| 铁 | 17.6 | mg/kg | 原子吸收法 |
| 维生素A | <10* | IU/100g | HPLC法 |
| 维生素C | <0.1* | mg/100g | HPLC法 |
| 脂肪 | 0.00 | % | GB5009.6-85 |
| 总糖 | 0.00 | % | GB/T5009.7-85 |

＊＊＊＊＊＊＊＊＊＊＊＊

备注：1. * 表示检测低限
2. 营养标签格式见下页

中心主任：周耀荣

图6-11　野生葛粉成分鉴定

编者对中国 4 个主要葛产区的葛粉的葛根素、总黄酮进行检测，结果见表 6-5。

表 6-5 烘干、自然晾干、晒干的葛粉总黄酮、葛根素含量测定

| 样品名称和编号<br>(Sample Description and Number) | 测试项目<br>(Test Items) | 测试结果<br>(Test Result) | 参考方法<br>(Reference Methods) |
| --- | --- | --- | --- |
| T62245701<br>安徽青阳葛粉样<br>（自然干燥）<br>2016 年 3 月<br>出口韩国样品 | 葛根素（g/kg） | 0.0469 | GB/T 22251—2008 |
| T62246701<br>安徽石谷山葛粉样<br>（野葛，自然干燥）<br>2018 年 5 月出口<br>日本样品 | 葛根素（g/kg） | 0.243 | GB/T 22251—2008 |
| T62247701<br>江西三清葛粉样<br>（葛博士一号，烘干）<br>2012 年 1 月出口<br>日本样品 | 葛根素（g/kg） | 0.278 | GB/T 22251—2008 |

(续表)

| 样品名称和编号<br>(Sample Description and Number) | 测试项目<br>(Test Items) | 测试结果<br>(Test Result) | 参考方法<br>(Reference Methods) |
|---|---|---|---|
| T62248701<br>广西滕县葛粉样<br>（粉葛，烘干）<br>2012年9月出口<br>韩国样品 | 葛根素（g/kg） | 0.183 | GB/T 22251—2008 |
| T62245701<br>安徽青阳葛粉样 | 总黄酮<br>（mg/100 g） | 7.2 | 《保健食品检验与评价技术规范》 |
| T62246701<br>安徽石谷山葛粉样 | 总黄酮<br>（mg/100 g） | 8.4 | 《保健食品检验与评价技术规范》 |
| T62247701<br>江西三清葛粉样 | 总黄酮<br>（mg/100 g） | 9.9 | 《保健食品检验与评价技术规范》 |
| T62248701<br>广西滕县葛粉样 | 总黄酮<br>（mg/100 g） | 8.2 | 《保健食品检验与评价技术规范》 |

检测的结果表明无论是野葛，还是粉葛加工成的葛粉都含有葛根素、异黄酮类。野葛中含量略高，优良品种（如葛博士一号）加工的葛粉含葛根素高些；自然干燥的葛粉含葛

根素含量略高,加工精细(多漂洗)葛粉的颜色更白,但葛根素含量流失多。

葛博士一号葛根采用机械加工,烘干的葛粉含水量12%;自然晾干、晒干的葛粉含水量18%。

表6-6 湖北省产品质量监督检验研究院检验报告

| 序号 | 检验项目名称 | 标准要求 | 实际值 | 单项结论 |
| --- | --- | --- | --- | --- |
| 1 | 葛根素 | ≥25 mg/kg | 599.8 mg/kg | 合格 |
| 2 | 淀粉 | ≥30% | 59.74% | 合格 |
| 3 | 水分 | ≤12.0% | 13.19% | 合格 |
| 4 | 灰分 | ≤8.0% | 0.28% | 合格 |
| 5 | 酸度 | ≤2.0 mL/10.0 g | 1.29 mL/10.0 g | 合格 |
| 6 | 二氧化碳 | <30 mg/kg | 未检出 (<1.0 mg/kg) | 合格 |
| 7 | 总砷(AS) | <0.5 mg/kg | <0.05 mg/kg | 合格 |
| 8 | 铅(Pb) | <0.4 mg/kg | <0.05 mg/kg | 合格 |
| 9 | 黄曲霉毒素 $B_1$ | <0.5 mg/kg | <5.0 mg/kg | 合格 |

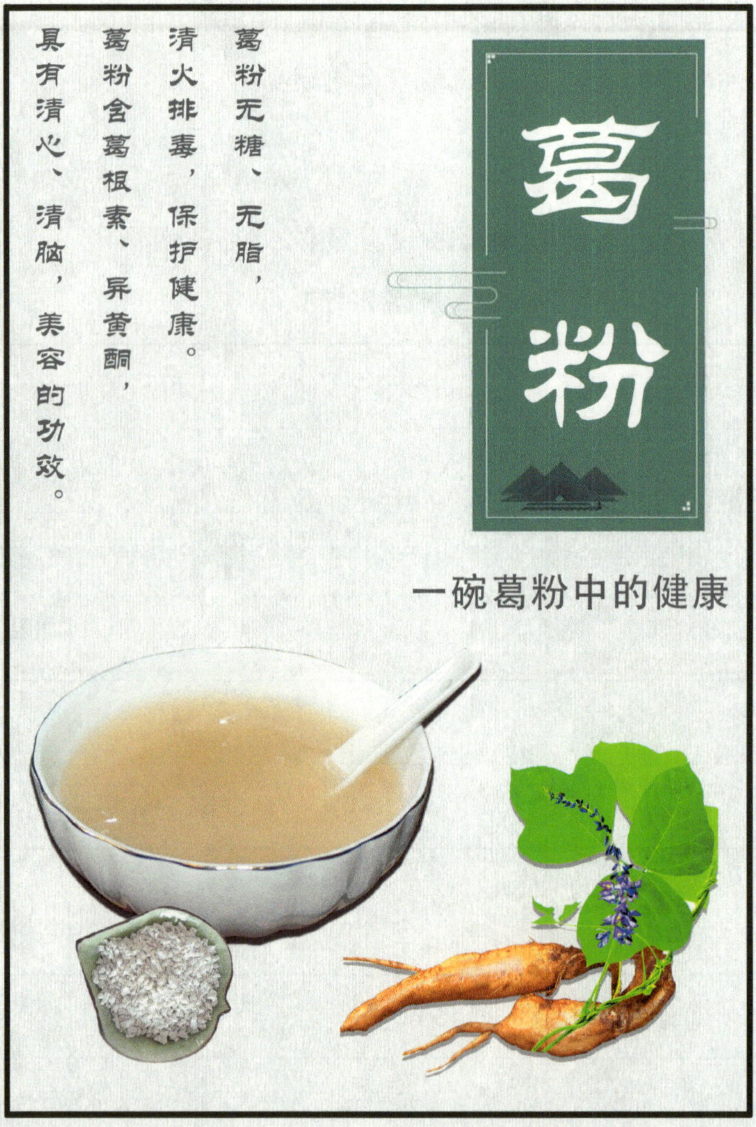

# 葛粉

一碗葛粉中的健康

葛粉无糖、无脂，清火排毒，保护健康。葛粉含葛根素、异黄酮，具有清心、清脑、美容的功效。

图 6-12 葛粉的功效

葛粉各种不同的加工方法各有长短，优势如何，尚无定论。

目前国内销售的葛粉是以机械加工、烘干机烘干的粉状为主，手工制作的占一部分。

外销日本、韩国、东南亚的葛粉是以野葛为原料，采用手工、半手工加工、自然干燥的颗粒状葛粉为主，质量较优，价格也高一些。

随着人们生活水平的提高，优质葛粉的需求量增加，天然的、健康的、清心、清热、清凉味的葛粉已成为抗衰老的最佳食品（明星食品）。

葛粉含葛根素、异黄酮类、矿物质和人体需要的多种氨基酸、微量元素，有生津止渴、抗菌解毒的功效。葛粉对血压、血糖偏高，肥胖，高血脂者，常饮酒者，肝火旺盛、口干舌燥、牙火上升者，更年期妇女，中老年人尤其合适。

葛粉属寒性食物，体寒湿重，低血压患者，低血糖患者，患乳腺增生者，建议不要食用或少量食用。

## 二、葛粉制成品（食品）

以葛粉、葛根为原料加工制成的食品琳琅满目，有：速溶性葛粉、葛粉丝、葛饮料、葛茶、葛酒、葛面包、葛点心类、糖果。

图 6-13　葛粉制成的食品

## 第六章 葛根淀粉（葛粉）的应用

用葛粉为原材料可制作葛粉汤、羹、包、饼、面条、粉条及各种菜肴，现仅举几种国内有葛风味食品和制作方法。

葛粉马蹄糕　　　　　葛根粉鸡蛋卷

葛根酿肉　　　　　　葛粉圆子

红唐葛粉羔　　　　　葛粉红枣糕

椰香葛粉布丁　　　　粉葛汤谱

图 6-14　葛粉制作成的美食

### 葛粉鸡蛋卷

[用料]

葛粉、鸡蛋、胡萝卜、大葱、少许盐、胡椒粉、番茄酱、水适量。

[烹饪步骤]

① 葛粉调入清水拌匀。

② 将大葱、萝卜切丁。

③ 蛋打入碗中,用打蛋器打散,也可以用筷子。

④ 葛粉倒入打好的蛋液中(吃起来更有嚼劲)。

⑤ 将萝卜、大葱倒入蛋液,加入细盐、胡椒粉调味。

⑥ 煎锅刷油,加热后调至中小火,倒入刚好覆盖锅面的鸡蛋液。

⑦ 如锅内的蛋液开始凝固,则用锅铲将蛋卷起。

⑧ 空出来的地方再次倒入一层蛋液,重复进行以上步骤,直到蛋液用完。

⑨ 将蛋卷盛出,切段,淋上番茄酱即可。

### 葛粉水仙馒头

[用料]

葛粉 50 克、樱花若干、糖 80 克、水 220 毫升、豆沙 150 克。

[烹饪步骤]

① 豆沙分成八等分。

② 把葛粉、水、糖混合在一起，小火加热，边加热边搅拌，直到半透明为止。

③ 将保鲜膜铺入容器底部，按照樱花、葛粉、豆沙的顺序放入食材，提起保鲜膜合拢封口，用橡皮筋包好。

④ 把包好的葛粉馒头放在冷水里冷却，凉了以后去掉保鲜膜，放到蒸锅里大火蒸2分钟。

## 葛粉圆子

[用料]

腊肉、豆干、茶树菇、姜、葱、高汤、鸡粉、食盐适量。

[烹饪步骤]

① 将五花肉去皮切碎，用刀剁成米粒大小的馅。泡发的茶树菇攥干水分，与豆干、腊肉切成细碎丁备用。

② 葛粉用冷水搅拌成糊状待用。锅置火上，倒入五花肉丁、豆干丁、茶树菇丁、腊肉丁，加高汤、盐、鸡粉、姜末、白糖拌匀，中火不停翻炒。

③ 将葛粉糊徐徐倒入馅料中，翻炒。

④ 炒至葛粉呈透明状起锅，趁热搓成圆子，再滚上一层葛粉。将做好的葛粉圆子上蒸锅蒸制8分钟。撒上香葱，盖盖子虚蒸1~2分钟即可食用。

### 红糖葛粉糕

[用料]

葛粉 100 克、糯米粉 50 克、红糖 50 克、适量水。

[烹饪步骤]

① 将 1/2 糯米粉、1/2 葛粉、适量凉开水调成稀糊状搅匀。

② 用开水溶解红糖。

③ 将剩下的糯米粉、葛粉、适量红糖水调成稀糊状。

④ 蒸锅水烧开,模具内壁刷油,倒入一层凉开水调的葛粉糊,蒸 5 分钟,再倒入一层红糖水调的葛粉糊,蒸 5 分钟,交替加入两种糊直至填满容器。

⑤ 蒸好晾凉切开,淋上蜂蜜,撒点桂花,清香爽口。

### 葛粉红枣糕

[用料]

葛粉约 250 克、红糖适量、红枣适量。

[烹饪步骤]

① 红枣先泡水洗净,对半切开,取出枣核,红枣水备用。

② 红枣放红糖煮软。

③ 把葛粉和红枣水(1 000 毫升)还有枣泥三样加在一

起，用搅拌机搅拌均匀，过两次筛子，过滤枣皮。之后分层倒进锅里蒸熟，底层熟了再倒一层，每倒一层都要先搅一下避免沉淀。

④ 准备切糕。

## 葛粉马蹄糕

[用料]

葛根粉 100 克、荸荠 2 个、水 200 克、糖 75 克。

[烹饪步骤]

① 将葛根粉倒入容器中，加入 100 克的水，溶解葛根粉。

② 另取 75 克的糖和 100 克水一起煮，直至糖溶化。

③ 将两个荸荠去皮，把荸荠切成丁，倒入糖水里面煮 3～5 分钟。

④ 再将热的荸荠糖水倒入搅拌好的葛根粉浆中，搅拌成糊状。如倒入糖水后不能成糊状，再将粉浆放在蒸锅上蒸，同时搅拌，直到变成浓稠的糊状物为止。

⑤ 把粉糊装在模具里放在蒸锅上蒸 10～15 分钟。

⑥ 待马蹄糕呈透明状，取出并放置至冷却，脱模。

## 香葛根布丁

[用料]

葛粉 25 克、豆浆 150 克、椰浆 100 克、枫糖浆 30 克、

香草精1小勺、蓝莓适量。

[烹饪步骤]

① 将葛粉倒入锅内，加少许豆奶，拌匀，直到葛粉完全溶于豆浆，再将剩余豆浆全部倒入锅内。

② 再加入椰浆、枫糖浆、香草精，全部材料拌匀。

③ 开中火把锅内混合液体煮开后转小火，不停搅拌，直到液体变成浓稠状。

④ 倒入碗内晾凉，放冰箱冷藏40分钟，就可以吃了。

⑤ 也可以在布丁上加些蓝莓汁（蓝莓+少许枫糖浆+少量水放入搅拌机打成蓝莓汁）。

**葛根酿肉**

[用料]

葛根500克、梅头肉300克、鸡蛋清1个、食盐2克、料酒10克、白胡椒粉少许、葱5克、姜5克、小葱1根、生抽10克、蚝油5克、酱油5克、红糖5克、植物油10克、水1碗。

[烹饪步骤]

① 用刀将猪梅头肉剁成肉末。

② 将肉末放到料理碗中，加入盐、白胡椒粉、料酒及姜葱末拌匀，磕入鸡蛋清，用筷子顺同一个方向搅拌，直到感到阻力为止，这样可以使肉末更加筋道。

第六章 葛根淀粉（葛粉）的应用

③ 葛根去除硬皮。如果葛根比较大的话，用刀切成均匀两半后，再用刀将其中一半葛根切成连刀片，连刀片就是中间一刀不用切断。

④ 把准备好的肉末酿进葛根片中，做成葛根夹。

⑤ 锅置灶上，倒入植物油，把葛根夹放到锅里细火慢煎至表面金黄。

⑥ 倒入一碗清水，没过葛根，加入生抽、蚝油、红烧酱油及红糖，大火烧开，转成小火慢烧20分钟。

⑦ 20分钟后，大火收汁即可，可适当留些汤汁，吃起来更有味，可加少许葱花装饰。

## 第七章 葛粉的检测

# 一、葛粉的标准

目前中国还没有葛粉质量标准，各单位参照小麦淀粉或藕粉淀粉标准，根据国内外市场要求制定葛粉的标准。例如：

## 安徽省青阳茂源野生葛粉加工厂企业标准
## 野生葛粉　Q/JXSQ001-20

### 1. 范围

本标准规定了野生葛粉的技术要求，试验方法，抽样和标志、标签、包装等的要求。

本标准适用于以野生葛生根原料，采用泉水洗净、粉碎、水磨澄取等工艺制成的干燥食用野生葛粉。

### 2. 引用标准

下列标准所包含的条文，通过在本标准中引用而构成本标准的条文。本标准出版时，所示版本均有效。所有标准都会被修订。使用本标准的各方应探讨使用下列标准最新版本的可能性。

表 7-1 国家标准

| GB 191—90 | 包装贮运图示标志 | |
|---|---|---|
| GB 4789.2—94 | 食品卫生微生物学检验 | 菌落总数测定 |
| GB 4789.3—94 | 食品卫生微生物学检验 | 大肠菌群测定 |
| GB 4789.4—94 | 食品卫生微生物学检验 | 沙门菌检验 |
| GB 4789.5—94 | 食品卫生微生物学检验 | 志贺菌检验 |
| GB 4789.10—94 | 食品卫生物生物学检验 | 金黄色葡萄球菌检验 |
| GB 4789.11—94 | 食品卫生微生物学检验 | 溶血性链球菌检验 |
| GB/T 5009.3—1996 | 食品中水分的测定方法 | |
| GB/T 5009.4—1996 | 食品中灰分的测定方法 | |
| GB/T 5009.11—1996 | 食品中总砷的测定方法 | |
| GB/T 5009.12—1996 | 食品中铅的测定方法 | |
| GB/T 5009.22—1996 | 食品中黄曲霉素 $B_1$ 的测定方法 | |
| GB 7718—94 | 食品标签通用标准 | |
| GB/T 12456—90 | 食品中总酸的测定方法 | |
| GB 14881—94 | 食品企业通用卫生规范 | |

## 3. 技术要求

### 3.1 感官特性

应符合表7-2的要求。

表7-2

| 项目 | 指标 |
|---|---|
| 色泽 | 洁白有光泽 |
| 气味 | 无异味 |
| 口感 | 无砂卤，略有清凉感 |
| 杂质 | 无外来物 |

### 3.2 理化指标

应符合表7-3的要求。

表7-3

| 项目 | 指标 |
|---|---|
| 水分 ≤ | 18.0% |
| 灰分 ≤ | 0.45% |
| 酸度（以乳酸汁），g/kg ≤ | 10.0 |
| 白度（440 nm 蓝光反射率）≥ | 84.0% |
| 黄曲霉毒素 $B_1$，μg/kg ≤ | 5.0 |
| 砷（以 As 计），mg/kg ≤ | 0.5 |
| 铅（以 pb 计），mg/kg ≤ | 1.0 |

### 3.3 微生物指标

应符合表7-4的规定。

表 7-4

| 项　目 | 指　标 |
|---|---|
| 菌落总数，个/g ≤ | 500 |
| 大肠菌群，个/100 g ≤ | 40 |
| 致病菌（指肠道致病菌及致病性球菌） | 不得检出 |

### 3.4 净含量及允许负偏差

每盒内装400 g，每盒净含量允许负偏差 Q 的百分比为 3%。

## 4. 试验方法

### 4.1 感官指标

凭感官进行检测，其结果应符合表7-1的要求。

### 4.2 水分

按 GB 5009.3 执行。

4.3 灰分

按 GB 5009.4 执行。

4.4 酸度

按 GB/T 12456 执行。

4.5 黄曲霉素 $B_1$

按 GB/T 5009.22 执行。

4.6 砷

按 GB/T 5009.11 执行。

4.7 铅

按 GB/T 5009.12 执行。

4.8 菌落总数

按 GB 4789.2 执行。

4.9 大肠菌群

按 GB 4789.3 执行。

4.10 致病菌

按 GB 4789.4、GB 4789.5、GB 4789.10、GB 4789.11 执行。

## 5. 抽样

5.1 同一生产日期，包装完好的产品为一批。

5.2 产品由生产厂的质量检验部门从每一批产品中随机抽取样品 10 盒，按本标准规定进行检验。经检验合格者，签发合格证的产品方准出厂。

5.3 在原辅材料、生产工艺操作稳定后，感官、水分、灰分、酸度、白度、微生物指标为必检项目，其他项目作不定期抽检，型式检验每两月进行一次，型式检验项目为本标准技术要求中的全部项目。

5.4 对检验结果不合格项目，应在同批产品中重新抽取双倍样品，进行该批产品的不合格项目的复检；若结果仍有一项指标不符合要求，则该批产品判为不合格品。

5.5 检验结果如有一项微生物指标不合格，则该批产品为不合格品。

5.6 验收单位有权按本标准对产品进行验收检验，如双方检验结果发生争议，由双方委托第三方仲裁，仲裁机构必须是国家法定的检验机关。仲裁检验的一切费用由责任方支付。

5.7 不按本标准规定的条件进行运输、贮存而造成的产品变质，应由运输、贮存单位负责。

## 6. 标志、标签、包

6.1 标志、标签

外包装标志、标签明显，内容按 GB 7718 规定执行。

6.2 包装

6.2.1 内包装必须有符合食品卫生要求的包装材料；外

包装采用瓦楞纸箱，每箱内应附有产品质量合格证。

6.2.2 包装箱上应注有食品名称、厂名、规格、批号、盒数、日期。并有"小心轻放""怕热""怕湿"等符合GB 191规定的文字图示标志。

6.3 运输

运输的各种交通工具必须干燥、清洁、卫生、无异味，符合食品卫生要求，应备有防雨、防水、防潮设施；运输过程中应轻拿轻放、防雨、防水、防潮、防暴晒，严禁与有毒、有害、有异味、易污染的物品混装、混运。

6.4 贮存

必须贮存在清洁、无异味、通风干燥的仓库，严禁与有毒、有害、易污染的物品混合贮存。

6.5 保质期：在上述规定的条件下保管，本产品保质期为二年。根据笔者的体验，葛粉自然晾干、晒干水分＜17%可保质五年，烘干水分＜12%可保质时间更长。民间说法，葛粉越陈越凉。

葛粉出口到日本、韩国，根据国外客户要求进行出口商品检测。

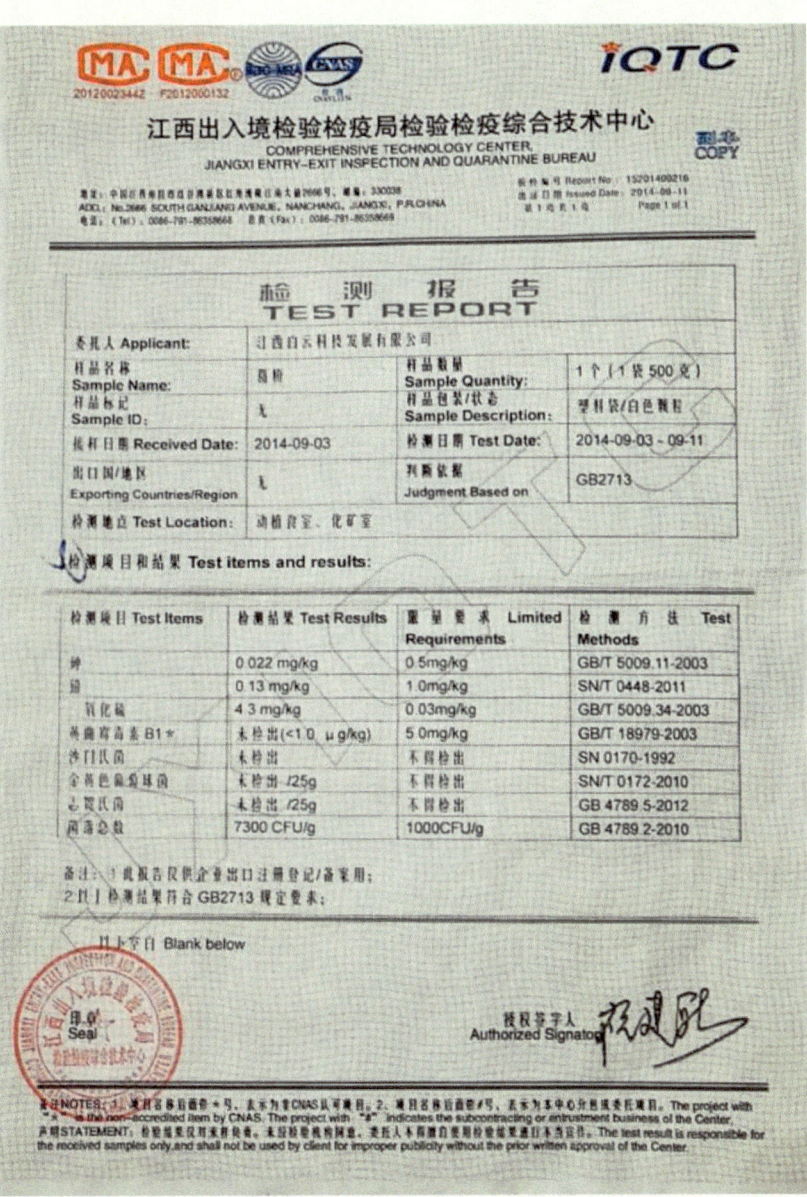

图 7-1　出口商品检测

葛粉出口到欧美，需要办理欧盟有机食品认证。

图 7-2　葛粉有机食品认证

## 附 中华人民共和国国家标准 GB 31637—2016

中华人民共和国国家卫生和计划生育委员会，国家食品药品监督管理总局发布

## 食品安全国家标准
## 食用淀粉

### 1 范围

本标准适用于食用淀粉。

### 2 术语和定义

#### 2.1 食用淀粉

以谷类、薯类、豆类以及各种可食用植物为原料，通过物理方法提取且未经改性的淀粉，或者在淀粉分子上未引入新化学基团且未改变淀粉分子中的糖苷键类型的变性淀粉（包括预糊化淀粉、湿热处理淀粉、多孔淀粉和可溶性淀粉等）。

##### 2.1.1 谷类淀粉

以大米、玉米、高粱、小麦、荞麦等谷物为原料加工成的淀粉。

##### 2.1.2 薯类淀粉

以木薯、甘薯、马铃薯等薯类为原料加工成的淀粉。

2.1.3 豆类淀粉

以绿豆、蚕豆、豌豆等豆类为原料加工成的淀粉。

2.1.4 其他类淀粉

以菱、藕、荸荠等为原料加工成的淀粉。

**3 技术要求**

3.1 原料要求

原料应符合相应的食品标准和有关规定。

3.2 感官要求

感官要求应符合表7-5的规定。

表7-5 感官要求

| 项目 | 要求 | 检验方法 |
|---|---|---|
| 色泽 | 白色或类白色，无异色 | 取适量样品置于洁净，干燥的白色盘（瓷盘或同类容器）中，在自然光线下，观察其色泽和状态，闻其气味 |
| 气味 | 具有产品应有的气味，无异味 | |
| 状态 | 粉末或颗粒状，无正常视力可见外来异物 | |

3.3 理化指标

理化指标应符合表7-6的规定。

表 7-6 理化指标

| 项　目 | 要求 | 检验方法 |
|---|---|---|
| 水分 a/（a/100 g） | | |
| 谷类淀粉 ≤ | 14.0 | |
| 薯类、豆类和其他类淀粉 | 18.0 | GB 5009.3 |
| （不含马铃薯淀粉） ≤ | 20.0 | |
| 马铃薯淀粉 ≤ | | |

3.4 污染物限量

污染物限量应符合 GB 2762 的规定。

3.5 微生物限量

微生物限量应符合表 7-7 的规定。

表 7-7 微生物限量

| 项目 | 采样方案* 及限量 | | | | 检验方法 |
|---|---|---|---|---|---|
| | n | c | m | M | |
| 菌落总数 \ （CFU/g） | 5 | 2 | $10^4$ | $10^5$ | GB 4789.2 |
| 大肠菌群 \ （CFU/g） | 5 | 2 | $10^2$ | $10^3$ | GB 4789.3 |
| 霉菌和酵母 \ （CFU/g） ≤ | $10^3$ | | | | GB 4789.15 |

* 样品的采样及处理按 GB 4789.1 执行

3.6 食品添加剂和食品营养强化剂

3.6.1 食品添加剂的使用应符合 GB 2760 的规定。

3.6.2 食品营养强化剂的使用应符合 GB 14880 的规定。

## 二、感官检验

葛粉是高档淀粉,其质量优劣检验目前还是以感官审评为主。指标见表7-8。

表7-8 葛根淀粉审评表

| 标准 | 烘干≤14% | 晾干≤18% | | | | | |
|---|---|---|---|---|---|---|---|
| 水分 | 干燥起灰,有刺手感 | | | | | | |
| 色泽 | 白色有光泽(干看) | 透明茶褐色 | | | | | |
| 纯度(含杂质量) | 无杂质无异物 | | | | | | |
| 透明度 | 透明度好,无色差 | | | | | | |
| 弹性,立度(堆积度) | 煮熟后有弹性,堆积度好 | | | | | | |
| 香气,味道 | 有葛粉特有的清凉感,无异味 | | | | | | |

(续表)

| 标准 | 烘干≤14% | 晾干≤18% | | | | | | |
|---|---|---|---|---|---|---|---|---|
| 水溶性 | 加水即溶化 | | | | | | | |
| 黏度 | 手感黏性好，弹力强 | | | | | | | |
| | （也可用黏度计测定） | | | | | | | |
| 含盐分 | 无盐分 | | | | | | | |
| $SO_2$ | | | | | | | | |
| 备注 | | | | | | | | |

仪器检测水分、黏度、$SO_2$、重金属等。检测合格后，葛的味道、香气最终还要由专家感官品尝决定。这和评茶师、评酒师一样，好的茶、酒是由有经验的评茶师、评酒师决定的。参照品茶的方法，把葛粉检验分为干看、熟看。

**干看**（生看）包括外形、色泽、纯净度、杂质、手握感。

**熟看**（煮热后）要用的工具有天秤、量杯、看盘、小锅、电磁炉（或煤气灶）、玻璃器皿、白色瓷盘。

称20克葛粉放到锅中，按1∶5加100毫升净水，用勺子

搅动。如果葛粉遇水即刻溶化无杂质，是上等好粉；很难完全溶化或溶化速度慢是中等品质；有杂质有黑点、难溶化的是差粉。再搅拌均匀，放到电磁炉上（控制一定温度）不停地搅动到煮熟为止。搅动要快，要均匀，否则生熟不一，有生的粉点。再把锅中煮熟的葛粉慢慢倒入玻璃器皿中或白色盘中。

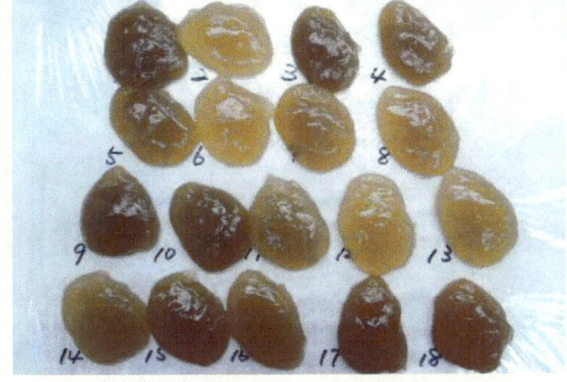

（续图）

准备葛粉、碗、勺、凉开水

凉开水并充分稀释

加95°以上的开水，边加边搅拌

灰褐色、半透明、果冻状、挂勺

图 7-3　葛粉检验和冲泡方法

以此类推将多个样品进行比较。通过比较黏度、弹力、立度（堆积度）、香气、味道、透明度等来确定葛粉质量，这需要不断实践，靠经验来判断其色、香、味，才能体会出真正的葛的味道。

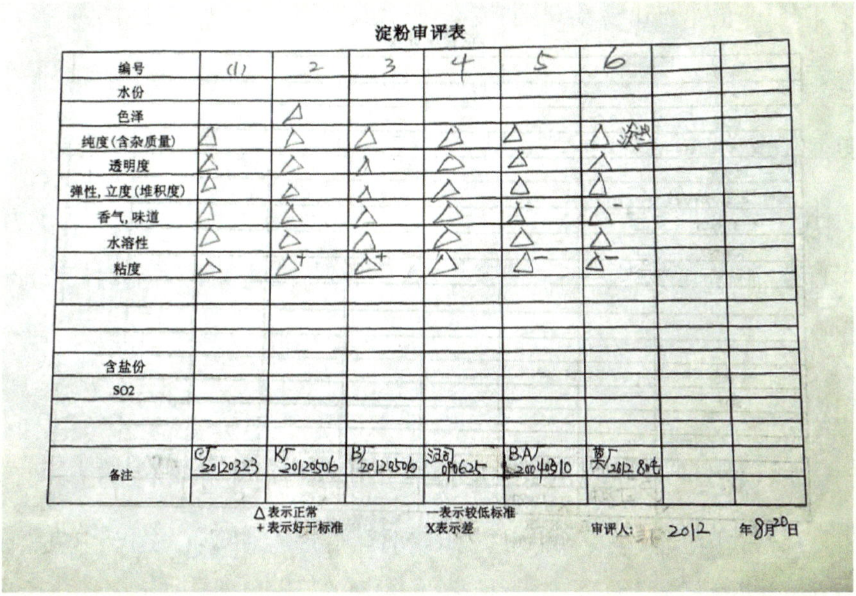

图 7-4  淀粉审评表

## 三、如何鉴定葛粉的真假

各种淀粉如葛粉、小麦、玉米、红薯、土豆、藕粉等淀粉颗粒形状各异,这是植物本身的特性。用偏光显微镜或生物显微镜观察各种淀粉颗粒形状,拍出图片作为参照对比,如用葛粉的形状结构图片作参照物对照其他的淀粉,以鉴别其真伪和是否掺假。葛根淀粉在显微镜的淀粉粒呈单粒球形,直径 3～37 μm,脐点点状、裂缝状或星状;复粒由 2～10 分粒组成。

公司出口葛粉等淀粉检测也是这样。因为这样的鉴别方法比较简单、方便、准确。如青阳涧泉葛粉厂已用显微镜鉴别各种淀粉。

## 上海淀粉技术研究所测试报告
### SHANGHAI STARCH RESEARCH INSTITUTE ANALYSIS REPORT
### SHANGHAI, CHINA

来样单位： 江西省进出口公司
SAMPLE SENT BY: JIANGXI IMPORT & EXPORT CORPORATION
样品名称： 葛根淀粉     样品记号 2000216
DESCRIPTIONS: ARROW ROOT STARCH  SAMPLE NO. 2000216

编号（2000）2000 年 056 号
第 1 页，共 1 页
日期：2000 年 3 月 6 日

## 成 分 分 析 单
### INGREDIENT ANALYSIS SHEET

检验项目：
INSPECTION ITEMS：

显微鉴别：                显微鉴定表明未见玉米、小麦、土豆、山芋淀粉
                         颗粒均为葛根淀粉颗粒
DISCRIMINATION
UNDER THE MICROSCOPE：    PURE ARROW ROOT STARCH

水分：
MOISTURE：                14.80%

白色度：
WHITE DEGREE：            85%（λ=440nm）

酸度：
ACIDITY：                 19.0 T

杂质：
IMPURITY：                0.45%

SHANGHAI STARCH RESEARCH INSTITUTE

图 7-5　葛粉显微鉴定结果

## 四、葛粉掺假的其他检测

湖北二月风公司以测定葛根素的方法鉴别葛粉的真伪,湖北省卫健委将葛粉的特有成分"葛根素"列为地方检测的必检项目。

使用红光谱分析技术结合主成分分析,为葛粉真伪快速检测提供了一种新方法。

## 五、葛粉杀菌的方法

葛粉杀菌的方法有：紫外线灭菌、微波灭菌、蒸煮灭菌、日晒灭菌、钴射线杀菌和臭氧灭菌。

第八章

# 葛产区简介

# 一、长江以北葛产区

### 1. 大别山区域

如安徽霍山县，金寨县，岳西县；湖北红安，麻城；河南铜钹山区，商城，固始。以野葛（柴葛）为主体，制药为主，大部分出口日本、韩国、东南亚，逐步扩大国内销售，年产量葛粉 500 吨以上。主要葛加工厂有：

（1）霍山县外贸葛加工厂

年产 200 吨左右，从 20 世纪 90 年代开始出口日本。

（2）金寨县

以斑竹园、吴家店为主产区的加工厂。加工葛粉出口韩国、日本，现已有一定规模，并开始食药联合加工，综合利用生产葛粉和葛根素初级产品。

### 2. 湖北省主产区

钟祥、利川、宜昌、十堰、恩施等地均有野生葛根，是中华葛主产区。主要葛加工厂有：

（1）随州市二月风食品有限公司。源于大洪山葛粉厂，该厂前身是诞生于清同治六年（1862 年）的"赵家葛坊"，是国内有记载的最早的葛加工作坊。

图 8-1 赵家葛坊

二月风公司除生产葛粉外还开发生产葛根冲剂、葛根茶、葛根酒、葛根液、葛根黄酮、葛根枕等系列产品,年产量1 000吨,并有野生原料基地200公顷。

(2)湖北钟祥葛粉产地为钟祥市客店镇、大口林场等大洪山区。客店镇亦有"中国葛粉之乡"的称号,2013年"钟祥葛粉制作技艺"被湖北省人民政府选为"湖北省第四批非物质文化遗产名录"。

钟祥葛粉年产1 000多吨,是我国葛粉主产区。2014年4月16日,国家质检总局对"钟祥葛粉"实施地理标志产品保护。

图8-2 野葛栽培示范园

恩施、利川、宜昌葛粉加工厂规模不大，生产葛粉以国内销售为主，也有供出口。

湖北葛以野葛为主，也有用野葛大面积栽培，并选育出优良品种。

图8-3　晒葛图

### 3. 秦巴山区

陕西汉中、安康、略阳、商洛、宝鸡以野葛为主,主要用于制药,如葛根片、葛根素。陕西是我国野葛主产区之一。

## 二、长江以南葛产区

### 1. 安徽皖南山区

九华山、黄山山区、青阳县、广德县、泾县、南陵县都有野葛,加工厂主要集中在青阳县扬田镇涧和村。

比较知名的加工厂有九华野生葛粉厂、涧泉葛粉加工有限公司、茂源葛粉加工厂。

这三家葛粉厂成立于1990～1992年,原手工生产规模小,生产葛粉出口韩国、日本。随着出口量增加,规模不断扩大,除本地葛根外还收购浙江、江西的葛根。现有规模年生产量200～300吨葛粉,多是自然晒干晾干。除出口外已扩大国内销售。以葛根片、葛粉丝和葛粉为主,还开发了黄芪茶、箬叶等产品,综合利用,提高经济效益。

葛粉厂均取冬天高山中泉水,沉淀后加工的葛粉颜色洁白如玉,清澈透明,晶莹剔透。

该地区已经成为皖南山区重要的葛粉产区,二十多年一直稳定。其中青阳县涧泉葛粉加工有限公司年产值达千万,多种经营,带动周围村民脱贫致富。

图 8-4　葛粉

## 2. 江西三清山山区

江西上饶的横峰、玉山、德兴等地，浙江山区和磐安县，江苏丹阳山区。

江西三清山是上饶葛粉主产区，葛粉年产 500 吨以上，工厂规模较大，国内销售为主，也出口到国外，培育有新的品种葛博士一号。

上饶地区是传统葛产区,年产葛粉1 000吨以上。

横峰县葛源镇是传统葛产地,也称为中国葛之乡。"葛之源"系列产品有葛佬、葛根凉茶、葛粉、葛花醒酒茶等。优良品种"横葛1号"种植面积万亩以上。《横峰县志》记载葛源出产的葛根产品曾作为明清贡品。

德兴县宋氏葛业集团培育有宋葛4号、5号,有千亩葛种培育基地,生产"仙葛莱"牌葛粉以及葛丁茶、葛面膜、葛汁等产品。

### 3. 其他地区

浙江磐安山区产葛根,加工葛粉、蕨粉等农特产品。

江苏丹阳山区(葛洪出生地)的茅山葛葛根内含12%黄酮。

黑葛仅生长在江苏丹阳山区,地处南北气候分界线,冷暖交汇,常年温度低于南方省份,高于北方。雨量充沛,阳光充足,珍稀黑葛在这里生长的历史悠久。

黑葛含有约12%的黄酮类化合物,包括大豆(黄豆苷)、大豆苷元、葛根素等10余种,并含有胡萝卜苷、氨基酸、香豆素类等。

## 三、四川、重庆、湖南葛产区

### 1. 四川

广元、彭州、绵阳市是中国野葛主产区之一,生产葛根片制作中药材,也供生物制药厂提取葛根素及黄酮。

### 2. 重庆

石柱县野葛多用于中药制剂,合川区葛产业联合社和科研单位协作,选育培育茗葛一号、地金二号良种。

### 3. 湖南省

张家界葛根产业是市委、市政府特色发展项目,葛根种植和加工发展较快,已成为葛根粗加工集散地。张家界手工制作的野生柴葛葛粉已成为张家界旅游特色产品的一张名片。

湖南省葛根产业协会对全省的葛根产业进行策划、协调和促进,有利于葛产业健康、快速发展。

## 四、广西、广东、云贵地区

广西藤县的葛产业有悠久的历史，是粉葛主要产区，葛根年产量十万吨左右，仅藤县和平镇年产葛根就有6~8万吨，被称为"粉葛之乡"。除国内销售外还出口到东南亚和美国。

广西、广东、云南产区以栽培葛为主，主要产粉葛。无渣粉葛做蔬菜用，可生食粉葛。煲汤时加几片葛根清火，可做葛粉扣肉、葛根炒肉片、炒葛片、葛根猪脚煲等，有清热祛湿之效。

## 附　亚洲主要葛产区简介

### 日本葛

日本葛和中国野葛同属豆科，形态相似。

图 8-5　日本葛介绍

## 第八章 葛产区简介

日本葛在《古事记》《万叶集》里就有记载。日本《古事记》于公元712年编撰完成。《万叶集》是日本最早的诗歌，大约写于4~8世纪，比中国《诗经》晚1 000年左右。

葛自古以来就作为观赏或者装饰用品，和日本人的生活有着密切的关系。

根可以食用或做中药，叶可以做牲畜的饲料，蔓可以用来织布，花可以用作民间疗法的材料。

特别是从葛根中提炼出来的葛粉是制作高级日本点心不可缺少的材料。

葛粉的神奇药效，也是葛名声高的原因之一。日本室町时代末期，上贡给皇室的葛粽，是采用了昂贵的药材制作的点心，非常珍贵。因为有这样的故事流传至今，葛粉到现在有时还被称为"白色的金子"。

文政十一年（1828年），农政学者大藏永常著的《制葛录》一书中，通过图示详细而具体地记载了葛的利用方法。

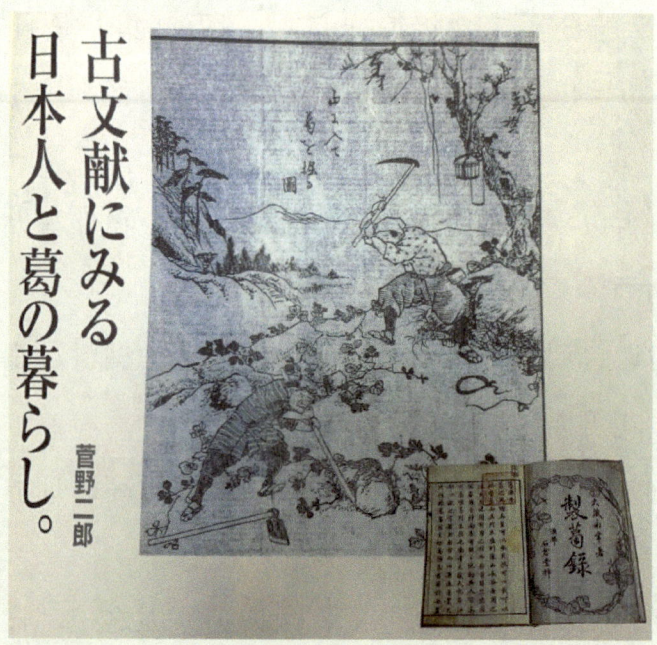

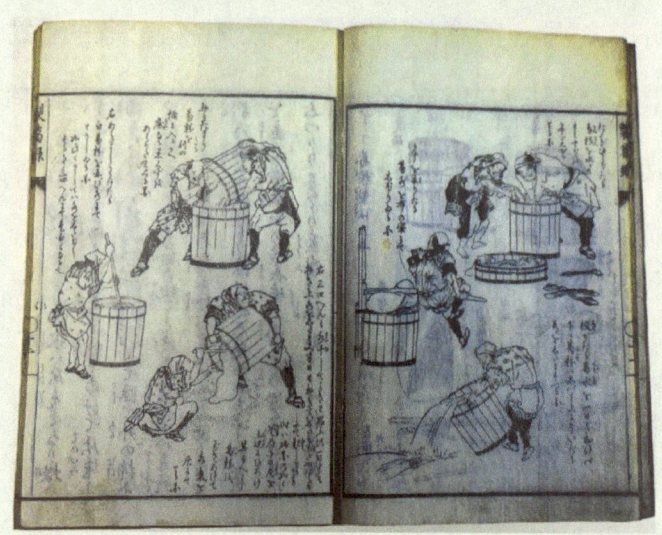

图 8-6 日本古文献关于葛的记载

图 8-7　日本用葛粉加工的美味食品

## 图8-7 文字翻译

**葛的结晶**

葛粉，可以将食物原材料的味道最大限度地体现出来，并给予爽滑的口感和美妙的光泽，是做日式点心和日本料理起重要作用的材料，谁都认可它的存在。请用心品尝雪白的葛粉带来的美味。

**茶包葛**

透明的葛衣包装，可以看到馅的色彩。这是一种夏天的点心，馅可以用不同的原料，变换各种不同的颜色。

**葛年糕**

源于宋代的有名的点心"水晶包子"。

**葛粉丝**

又称"水纤维"。日本自古以来的传统吃法。

**葛汤**

中药的"葛根汤"，是治疗感冒的特效药。用开水冲的葛粉汤，可以祛热，治疗肩痛、缓解压力。

**烤葛**

里面放小豆馅，两面烤。民间吃法。

**葛馒头**

记载于天保十二年（1840年）的《果子话舟桥》。这是一种夏天的点心。

## 第八章 葛产区简介

**芝麻豆腐**

是豆腐但不完全是豆腐，用纯葛粉和芝麻提炼。日本自古以来的高级料理，是高级料理中最难做的极品。但是广八堂的芝麻豆腐可以在家里简单制作，因此备受欢迎。

**葛粥**

砂锅煮好的粥，在盛出来之前，放葛汁进去。这样，传统的粥就有了高雅的东京料理的味道。加上腌过的樱花，更加有春天的味道。

**蛋汤**

清爽的东京料理经常使用葛。因为加入葛就显得比较浓厚好吃。清淡的蛋汤里也放了葛，葛的黏稠把热度也保留下来，滚烫的热汤，味道美极了。

由于葛的食用、药用、日用（纺织品）价值高，近代日本葛业发展很快，出现了规模较大的葛粉加工厂（株式会社）。

(1) 日本福冈广八堂（株式会社）

广八堂于明治八年（1875年），由秋月藩御用商人初代田口清助创办。起初葛粉作为筑前的特产进行销售，后来销售到日本全国，昭和二十八年（1953年）成长为日本最大的生产工厂。

图 8-8 广八堂介绍

广八堂到今天已经历经 5 代，140 余年，通过增加生产线，合理化管理，已经可以生产更大量的优质产品，并销往世界十几个国家。

但是，不管生产体制和规模如何变化，"认真地生产好的东西"这一理念始终不变。

（2）奈良吉野本葛

奈良是日本古都，吉野山以樱花而闻名，自古是日本排名第一的樱花名所。春天来时，粉红色的樱花开满山野，被称为"吉野千本樱"。吉野山也是修道的修行地，至今依然有众多信仰者前往修行。吉野葛有 140 多年的历史。

奈良的吉野地区有一个传统，当地人在感冒或者身体不适的时候，都会用葛根粉熬汤羹来喝。葛根粉加水与糖在锅中慢慢炖煮，渐渐变成透明黏稠的葛根汤。葛根汤能暖身，帮助消化，日本人自古将它作为断奶方和恢复身体的营养食品。

当地一家拥有百余年历史的日本制葛老店天极堂，沿袭古法提炼纯白色吉野葛。店内还提供 7 种料理齐全的"葛粉盛宴"，食客尽情品尝吉野葛的独特美味。现做的葛粉条和葛粉饼口感极佳。

江户时代的《制葛禄》亦有记载，吉野葛是日本贵族喜爱的具有亮肤功效的植物，日本古代常将吉野葛制成化妆专用美容粉。

护肤品牌 Geol 采用独有的提炼技术，从富含异黄酮素的葛根中提取出高浓度提取物"葛异黄酮 RE"，设立独创品牌"葛之精"，成为世界首款使用吉野葛研发的护肤品。

**韩国野葛**

韩国野葛和中国野葛相似。

韩国韩一综合食品公司自 1989 年起加工、提取葛粉用于制作葛饮料。当时葛粉厂比较简易，机械破碎，打浆过滤，人工晾晒等工序见图 8-9。

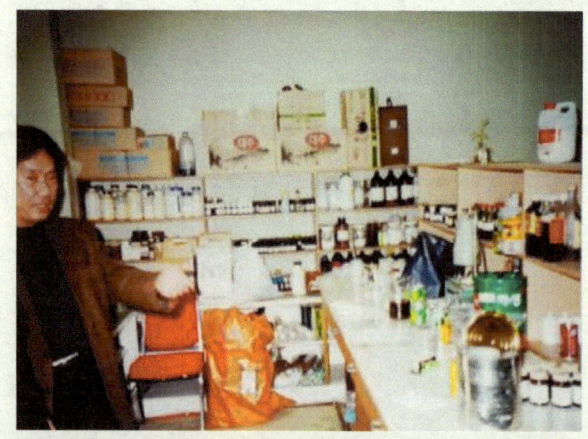

图8-9 韩国葛粉厂（钱进摄）

# 第八章 葛产区简介

**泰国葛**

泰国野葛根分为三大类。

(1) 泰国白高颗（白葛根）

泰国白高颗（白葛根）是泰国的珍稀保护植物，为豆科葛属植物的根块，生长在泰国北部的原始森林中，根块生长在地下 1~2 米深处。泰国白高颗（白葛根）自古以来在泰国北部就作为民间传统女性秘方食品。到了 20 世纪 20 年代，因为改建古老的寺院，偶然发现了寺院里密藏着这一传统秘方的古文献。从此食用泰国白高颗（白葛根）的传统在一部分泰国人中传开来。到了 30 年代，文献被译成英文，使这一民间传统流传到境外。

白高颗（白葛根）块根中重要活性成分：葛雌素和脱氧葛雌素（或称脱氧微雌醇），与女性体内的雌激素相似。这两种活性成分很活跃但含量较少，是成品浓缩提纯技术的发展方向，需要提取出主要成分，去除杂质达到食用级别。另外还含有多种黄酮类物质如大豆苷元、三羟异黄酮苷、异黄酮苷、三羟异黄酮、乙酸酯、葛根素和水合物等。

(2) 泰国红高颗（艳紫铆，红野葛根）

泰国红高颗为豆科草药植物，蔓生，质硬，盘绕大树，树龄长。根茎在地下储存营养，扁圆状，类似豆薯，瓢白色。生长在泰国中部、东部、西部和北部地区。由于受地区的地形、土壤、气候、雨量等限制，平均十四年才可采收，为泰国境内重要珍稀草药之一。

其长形的根茎积聚了至少15种化学元素，这些元素属于直链有机酸类、类黄酮、糖基类黄酮、固醇（flavonoid）和糖基固醇。

植物的根和茎常被用作增强力量和精力的药品，除此之外，它们的根和茎被认为可以用来帮助增加男性的性表现。因而，这种植物被称为奇迹药草。人工培育品种经研究和挑选后进行商业种植并被命名为艳紫铆 I 和艳紫铆 II。这种植物有些化学成分与白野葛根相近，但某些化学成分又相差很远。提取物可引起与壮阳药物——伟哥相类似的反应，它的血管舒张作用与伟哥片剂近似。其化学成分可以在不增加神经、肌肉及心脏负担情况下使人体精力旺盛。

（3）黑高颗（黑野葛根）

滋养身体，保持头发浓密，缓解身体疲劳，适用于消耗性疾病、糖尿病，可治疗脂肪堆积、过敏等症状。

印度、菲律宾、马来西亚等国家都有野葛的分布。

# 第九章

# 葛产业发展展望

20世纪80年代以来,葛的食药用途有了很大的提升和发展。但在葛产业快速发展过程中,存在以下几方面问题:

(1)葛产业从无到有,大多数是跟着市场走,企业都是小型加工企业,缺乏资金、技术,国内少数葛加工厂因产销脱节,盲目扩展,管理不善及体制变更等原因停产、倒闭。

(2)我国葛产品的原料大多来源于野生葛,在一些地方存在盲目采挖、资源流失、水土流失、缺少水土保护等问题。

(3)葛产品加工大多单一,葛粉厂只用葛根提取葛粉,葛藤叶和渣及有效药用成分多随废液流失,葛的利用率低,资源浪费大且污染环境。制药厂收取葛根片,提取黄酮类、葛根素,而其他藤叶、茎、粉也同样流失、浪费。

(4)缺少优良品种。栽培葛的品种多是本地选育出来的,其中食药用的良种为多数。培育、选育出适应性强,抗逆性好,高产(高含量葛淀粉,高含量异黄酮类)的优良品种很少。

(5)行业管理不健全,目前尚无统一的质量标准和企业标准,各地区、各企业自行制定或根据国内、外市场要求生产产品,从而难以统一标准。

# 第九章 葛产业发展展望

根据目前状况，笔者提出如下建议：

（1）加大对葛的认知度

葛全身是宝，葛粉有抗衰老作用，尤其适合中老年人食用。作为一款清火、清心、清凉、降脂、降糖的保健食品可以大力推广。

现在葛粉产量全国不到万吨，国内60岁以上的老年人群有2.55亿，每人每年500克就需要25万吨，目前，葛根菜食用全国不到20万吨，出口葛粉1 000多吨，主要销亚洲。欧美还不识葛粉为何物，欧美人患肥胖病和心脑血管病不在少数，一旦被欧美人认知，其前景美好，要加大宣传，加强推广力度。

（注：葛根、葛粉、葛根片指商品数量，不包括葛农自用及葛饲料、葛粉丝、葛茶等产品。）

（2）定向培育新品种

A. 葛在中国从南到北都能生长，适应性强，耐干旱，冬天气温低，地上枯萎，第二年照常长出藤叶。通过选育，培育出耐干旱的品种在荒山、沙漠地带种植，可覆盖土壤，绿化荒山，改造沙漠，增加植被，改良气候和土壤。

B. 培育、选育高淀粉、高产、直立、矮化良种，作粮食用，蔬菜用。

C. 培育、选育含异黄酮类、葛根素等药用价值高的食药两用品种，用做制药原料和保健食用淀粉。

D. 引进发现或培育含脱氧葛雌素的泰国葛根品种。

(3) 加大葛产业建设投入

政府在资金、技术、规划、环保等方面给予大力支持、扶助。

成立专业的葛研发中心，国家投入资金、人才、技术，进行品种研究，精加工研究，制药研究，开创葛产业创新发展的新局面。

在葛主产区及重点加工区，设立较大规模的现代化的食药综合利用、葛资源有效利用的葛加工厂。产品以国内销售为主，兼顾国际市场，开发国际市场。制药方面，开发出世界级的药品，使葛的药品能惠及世界人民。

(4) 成立葛行业协会

制定一套食用、药用标准，稳定而有序地开发利用葛资源。葛耐旱，耐寒，耐瘠，适应性强。葛根种植不能占用好的田地，主要是开发荒山、荒地、高原、山林，以收获葛根为主，还能起到绿化荒山，改良土地，改变气候的作用。

**葛既能食用、药用、菜用，又能帮助山区农民脱贫致富，有希望成为水稻、小麦、玉米、马铃薯、红薯之后的又一主要粮食作物。**

**可以预见，在不远的将来，葛将成为影响世界的中国特色植物，葛产业也将发展为中国特色经济中的支柱产业。**

# 参 考 文 献

1. 中国科学院中国植物志编辑委员会.中国植物志[M].北京：科学出版社,1995：第四十一卷.

2. 陶娟,许慕农,等.中国葛属植物资源和利用情况[J].中国野生植物资源,2007,26(3).

3. (美)阿尔·戈尔.未来[M].冯洁音,李鸣燕,译.上海：上海译文出版社,2013.

4. 刘向前,李迪锋等.泰国野葛根研究进展[J].四川解剖学杂志,2017,25(1).

5. 熊力夫,李先恩,等.葛根新品种"湘葛一号"的选育研究[A].中国商品学会中药商品专业委员会：中国商品学会,2012：3.

6. 李昕,潘俊娴,等.葛根化学成分及药理作用研究进度[J].中国食品报,2017,17(9).

7. 李臻,赖富饶,等.葛根的营养成分分析[J].现代食品科技,2011,27(8).

8. 李秀娟,李慧,等.天然葛及葛根淀粉的成分分析研究[J].食品科技,2006(11).

9. 安伟健,夏光成,等.不同产地葛根总黄酮含量的比较(简报)[J].中国中药杂志,1999(6).

10. 任亚东,朱艳林.不同产地葛根中总黄酮和葛根素的含量测定[J].辽宁中医药大学学报,2008,10(5).

11. 李石生,邓京振,等.野葛藤茎化学成分研究[J].中草药,1999(6).

12. 张德武,戴胜军,等.野葛茎中的化学成分研究[J].中国药学杂志,2011,46(18).

13. 姚崇舜.葛根的药理作用与临床应用[M].北京:人民军医出版社,2014.

14. 上官佳,吴卫国,等.不同加工工艺制备葛根全粉的成分和特性研究[J].食品科学,2013,34(5).

15. 夏虹,彭茂民,等.葛根超微粉、葛粉中葛根素、大豆甙元和大豆甙元的分析研究[J].应用化工,2010,39(10).

16. 网站:美食天下、菜谱大全、美食杰等.

17. 刘嘉,李建超,等.葛粉掺假的傅里叶变换红外光谱法鉴别研究[J].食品科学,2011,32(8).

18. (日)庆八堂.葛事典[M].

19. 苏提达.泰国与中国葛根品种的对比研究[J].北京中医大学学报,2017.

# 后　记

　　我和葛结缘是在1988年,当时日本一公司要进口中国的葛根淀粉。因为小时候听大人说嘴唇干燥开裂、牙痛上火吃一碗葛粉就好了,所以对葛粉有了兴趣,第二天就带日本客户到横峰县葛源看野生葛根。当时上饶地区只有零星、分散的野葛,没有葛粉加工厂。之后韩国、中国台湾客户也要进口葛粉等土特产。上饶地区土畜产进出口公司开发科负责筹建葛粉加工厂、印包装、申办商标、出口等具体工作,短期内葛粉出口创汇成绩显著。由于货源较少,20世纪90年代我到安徽青阳县涧和村,吃住在施家才、施振平家,筹建葛粉加工厂、螺丝加工厂,改进加工技术工艺,提高葛粉质量达到出口要求。还有九华葛粉厂的何灵祥,对我的工作帮助很大。这些葛粉厂经过二十多年稳定发展,综合经营,产值达千万元,带动了当地山区农民脱贫致富。现在家家住楼房,户户有汽车,过上小康生活。涧和村也成为葛粉专业村。

　　在本书的写作过程中以下这些单位和个人为本书提供了

很多有益的资料图片。

安徽青阳涧泉野生葛粉厂

安徽青阳县茂源野生葛粉厂

安徽青阳县九华野生葛粉厂

江西玉山县三清山绿色食品有限公司

玉山新田园公司

德兴市宋氏葛业董事长　宋剑春

江西鹰潭市阳光葛业有限公司

浙江磐安县泰丰农特产有限公司

重庆合川市葛产业联合社

重庆健科生物技术开发公司

广西滕县和平镇万丰葛业社长　吴东霖

广西滕县绿园葛业发展有限公司

安徽金寨县金墩农副产品有限公司

安徽金寨县石谷山食品有限公司

安徽霍山县对外贸易发展公司

湖北随州二月风公司董事长　赵今月

湖北钟祥葛娃公司董事长　邵仙墙

日方、韩方翻译兼代表俞建平先生、单建新先生、金哲先生也为本书提供了有关资料和实物。

## 后 记

上海市质量技术监督检验技术研究院高级工程师李自芳对本书第七章"葛粉检测"提供了宝贵的资料并进行了审阅、补充。

上海进申工贸有限责任公司董事长钱进始终参与葛粉等其他淀粉的出口销售工作。公司为出版做了大量的工作,使本书能如期、如愿出版。

中华葛经的编著得到葛农、葛加工厂、葛联社等葛产业的专家、教授、经理、厂长的关心、支持和帮助。

谨以此书献给对葛产业爱好、关心和支持、帮助的同仁和葛产品(食品、药品)的消费者。

葛产业将迎来大发展的黄金时期。

钱开信

2021年8月于上海

图书在版编目(CIP)数据

中华葛经：影响世界的多用植物中华葛/钱开信编著. --上海：上海科学普及出版社，2021
ISBN 978-7-5427-8105-5

Ⅰ.①中… Ⅱ.①钱… Ⅲ.①葛—介绍 Ⅳ.①S632.9

中国版本图书馆CIP数据核字(2021)第214479号

责任编辑　柴日奕
助理编辑　黄　鑫
装帧设计　吴丙峰

中华葛经
——影响世界的多用植物中华葛
钱开信　编著
上海科学普及出版社出版发行
(上海中山北路832号　邮政编码200070)
http://www.pspsh.com

各地新华书店经销　广东虎彩云印刷有限公司印刷
开本787×1092　1/16　印张11.25　字数98000
2021年11月第1版　2021年11月第1次印刷

ISBN 978-7-5427-8105-5　定价：39.00元
本书如有缺页、错装或坏损等严重质量问题
请向印刷厂联系调换
联系电话：0769-85252189